Wilfried Braig/Roland Wille

Souverän führen

Wilfried Braig / Roland Wille

Souverän führen

14 entscheidende Tipps für die Mitarbeiterführung

orell füssli Verlag AG

Umschlagabbildung: Keystone Photolibrary Photolibrary.com
Umschlaggestaltung: Andreas Zollinger, Zürich
Druck: fgb • freiburger graphische betriebe, Freiburg

ISBN 978-3-280-05304-1

Bibliografische Information der Deutschen Bibliothek:
Die Deutsche Bibliothek verzeichnet diese Publikation in der
Deutschen Nationalbibliografie; detaillierte bibliografische
Daten sind im Internet über http://dnb.d-nb.de abrufbar.

Inhaltsverzeichnis

> *«Führen ist keine große Kunst.*
> *Die Kunst ist, souverän zu führen.»*
>
> RAYMOND CHANDLER

Vorwort: Von den Souveränitätskillern

Führen ist keine große Kunst. Wer zur Führungskraft befördert wird, der oder die führt. Basta. Wenn das so ist – warum halten Sie dann dieses Buch in Ihren Händen?

Damit keine Missverständnisse entstehen: Die meisten Führungskräfte, die wir kennen, lieben ihren Job, ihre Position. Sie würden nicht tauschen wollen. Und doch klagen sie uns in Coachings und Führungstrainings seit Jahrzehnten ihren Führungsstress.

Sie beklagen lustlose und passive Mitarbeiter, abgehobene Vorgesetzte, immensen Leistungsdruck, streitende Teammitglieder, Blaumacher und lästige Gehaltsgespräche … kurz: Sie beklagen den ganz normalen Führungsstress. Wenn der aber normal ist, warum beklagen sie (Sie?) sich dann? Die Antwort ist so simpel wie bewundernswert: Gute Führungskräfte wollen nicht gut führen. Sie wollen souverän führen.

Was hindert sie daran? Warum fühlen sich so schrecklich viele Vorgesetzte so schrecklich unsouverän in ihrer Führungsrolle? So unsouverän, dass es auch der unerfahrenste Mitarbeiter mitbekommt und sich mit seinen KollegInnen den Mund darüber zerreißt? Ist nicht jeder Manager inzwischen mit Führungstheorie und General-Management-Trainings bis Oberkante Unterlippe vollgestopft? Doch. Genau da liegt der Fehler. In Standard-Führungstrainings wird Führungstheorie verbreitet. Die Störfälle des Führungsalltags werden nicht behandelt.

Doch es sind exakt diese Störfälle, die täglich die Souveräntät von Führungskräften zerstören. Dabei sind es noch nicht einmal viele verschiedene Störfälle. In den langen Jahren, in denen wir Führungskräfte aller Ebenen und Branchen trainieren, hören wir immer von denselben Souveränitätskillern. In Trainings schlagen wir uns mit denselben 14 häufigsten und hinderlichsten herum. Das Angenehme an den Störfällen ist, dass sie sich beseitigen lassen. Die Rezepte dafür sind einfach – man(ager) muss sie nur kennen. Genau dafür halten Sie dieses Buch in Händen. Auf dass Sie so souverän führen, wie Sie, Ihre Vorgesetzten und Mitarbeiter sich das wünschen.

Noch etwas: Bei der Niederschrift haben wir in der Regel nur ein Geschlecht angegeben. Es sollte aber klar sein, dass sich unsere Führungsvorschläge selbstverständlich an weibliche wie männliche Leitungsverantwortliche wenden.

1. Wie motiviere ich Mitarbeiter?

Haben Sie gelächelt, als Sie das Eingangszitat lasen? Schon verrückt, nicht? Da sind Tausende von Büchern über Motivation geschrieben, Zehntausende Motivationsseminare gehalten worden. Und immer noch wird uns diese Frage auf jedem einzelnen Führungsseminar gestellt. So sicher wie das Amen in der Kirche.

Trainer, Lektoren, Redakteure winken ab: «Das Thema ist doch schon lange durch!» Das mag sein – theoretisch vielleicht, aber nicht im Führungsalltag. Da tappen Führungskräfte jeden Tag in die Motivationsfalle. Sie müssten (dringend) ihre lustlosen und passiven Mitarbeiter motivieren. Es regt sie auf, wie unmotiviert die häufig sein können. Aber sie kriegen sie einfach nicht nachhaltig aus dem Motivationsloch heraus – und das kratzt heftig an der Souveränität einer Führungskraft: das Unvermögen, seine eigenen Mitarbeiter nachhaltig zu motivieren. Woran liegt das?

Sie sind kein Aufziehmichel!

Das Motivationsproblem ist eigentlich kein Motivationsproblem. Es ist ein Denkproblem.

Erfolgstipp
Erkennen Sie, dass die Motivationsfalle eine Denkfalle ist.

Viele Manager denken: Wo ist beim Mitarbeiter das Loch im Rücken, wo ich den Schlüssel reinstecke, mit dem ich ihn aufziehe? Das hört sich nach einer logischen Frage und einem Superrezept an, bedeutet aber zu Ende gedacht: Wenn es tatsächlich den Schlüssel zum Aufziehen des Mitarbeiters gibt – wozu macht das Sie dann? Zum Aufziehmichel ...

Glauben Sie uns: Kein Mensch will, dass man den Mitarbeiter aufziehen kann – auch Sie nicht. Denn selbst wenn das funktionieren würde – was tun Sie, wenn die Feder abgelaufen ist? Dann müssen Sie ihn wieder aufziehen. Und da die Feder schon nach relativ kurzer Zeit ermüdet, müssen Sie ihn in immer kürzeren Abständen aufziehen. Und? Ist das Ihre Vorstellung von souveräner Führung? Haben Sie nichts anderes zu tun als hinter wackelnden Trommelhäschen herzulaufen und Schlüssel zu drehen? Und wenn Sie mit dem letzten fertig sind, müssen Sie wieder beim ersten anfangen. Ist das Ihre Vorstellung von Leadership? Bestimmt nicht.

Erfolgstipp
Wer Motivieren mit Aufziehen verwechselt, steckt in der Falle.

Wie kommen Sie heraus aus dieser Falle? Wie gewinnen Sie in Fragen der Motivation die nötige Souveränität zurück? Schauen Sie auf die Finger Ihrer Hand.

Die 5-Finger-Motivation

Motivation beginnt im Kopf. Motivation gleich Aufziehen? Wer diesen Gedanken im Kopf hat, bleibt unsouverän. So unvorstellbar das manchmal ist: Selbst Mitarbeiter wollen etwas leisten! Dies haben souveräne Führungskräfte irgendwann erkannt.

Im Privatleben bauen Mitarbeiter Häuser, laufen Marathon und ziehen Kinder groß. Und dies alles, ohne dass Sie (oder andere) sie aufziehen. Wie schaffen Sie es, dass Mitarbeiter im Beruf genauso motiviert zur Sache gehen wie im Privatleben? Indem Sie das Berufsleben so motivierend gestalten wie das Privatleben. Eine genaue Analyse der privaten Begeisterung fördert zutage, dass Menschen immer dann hoch motiviert zupacken,

- wenn die Aufgabe zu ihnen passt;
- wenn das Ziel ehrgeizig, aber nicht überfordernd ist;
- wenn sie davon überzeugt sind, dass es geht;
- wenn sie wissen, wo sie sich Hilfe holen können;
- wenn ihnen klar ist, was ein Versagen sie kostet.

Daraus ergibt sich ein recht simples Motivationsrezept, das sich seit Jahren in der Praxis bewährt:

Erfolgstipp

Motivieren Sie jeden Mitarbeiter zunächst 5-fingermäßig. Erst wenn das nicht zieht – was sehr selten passiert –, können Sie zu Zuckerbrot und Peitsche greifen. Jeder der fünf Finger einer Hand steht für einen Tipp zur Motivationssteigerung:

1. Heben Sie den Mitarbeiter in den richtigen Sattel!
2. Fordern Sie 120 Prozent!
3. Sagen Sie dem Mitarbeiter: Sie schaffen das!
4. Verhandeln Sie die Unterstützung!
5. Zeigen Sie die Konsequenzen auf!

1. Heben Sie den Mitarbeiter in den richtigen Sattel!

Peter ist Verkaufsleiter eines kleinen Unternehmens. Für eine Kaltakquise-Aktion braucht er einen guten Telefonkontakter. Er sucht sich einen Außendienstler aus, der für seine Artikulationsfähigkeit (vulgo: große Klappe) bekannt ist. Nach drei Tagen erschütternd schwacher Kontakterfolgszahlen versucht Peter den Verkäufer zu motivieren, hält ihm eine Rübe vor, verspricht ihm einen Bonus. Was kommt heraus? Sie können es sich denken. Einen Ackergaul können Sie noch so sehr motivieren – er wird nie Iffezheim gewinnen.

Wenn Sie den Falschen motivieren, nützen auch Millionenboni nix bis wenig – und es kostet Geld und Nerven! Wenn Sie hingegen den Richtigen in den Sattel heben, brauchen Sie kaum Motivation, weil das Pferd von alleine läuft.

Irgendwann schlussfolgert Peter, dass auch dieser Außendienstler panische Angst vor der Kaltakquise hat. Seine alternative Wahl fällt auf eine (Innendienst-)Mitarbeiterin, die als unerschrocken und extrem kontaktfreudig gilt. Die schafft schon am ersten Tag die 20-fache Kontaktzahl des gestandenen Außendienstlers.

Erfolgstipp

Erkennen Sie: Wer nicht zur Aufgabe passt, ist automatisch demotiviert. Wer zur Aufgabe passt, ist automatisch motiviert.

Das klingt trivial, wird aber in der Praxis permanent übersehen. Weil dort nach Zuständigkeit, Fachkompetenz, Verfügbarkeit oder Nasenfaktor delegiert wird, nicht nach Aufgabe- respektive Mitarbeiter-Passung. Nur die alten Hasen kennen noch das Sekretärinnen-Syndrom: Oft sind die *prima facie* ungeeignetsten MitarbeiterInnen die motiviertesten.

Wie viele (gute) Sekretärinnen haben schon (Mini-)Projekte erfolgreich ins Ziel gebracht, die bei den eigentlich zuständigen Mitarbeitenden im Sande verliefen? Weil die Sekretärin im Gegensatz zum (sich dafür zu schade fühlenden) Zuständigen hoch motiviert war.

Manchmal reicht es völlig, den Richtigen auf den richtigen Sattel zu setzen. Falls nicht, bleiben noch immer vier Finger und damit vier motivationssteigernde Maßnahmen.

2. Fordern Sie qualitative 120 Prozent!

Motivieren heißt: das Maximum erreichen. Wenn Sie einen Mitarbeiter jedoch fragen: «Was schaffen Sie?», wird er selten «das Maximum!» sagen, sondern in der Regel 20 Prozent abziehen. Also schlagen Sie vorab gleich 20 Prozent drauf und fordern Sie 120 Prozent von ihm! Vor der berühmten Fußball-WM 2006 in Deutschland erwarteten alle Experten, dass das deutsche Team nach der Turniervorrunde ausscheidet. Keiner verstand, warum Klinsmann ständig den Weltmeistertitel von seinen Spielern forderte – bis die angebliche Gurkentruppe sensationell den dritten Platz errang. Hatte sich ihre Technik während des Turniers so entscheidend verbessert? Unsinn. Die Mannen waren bis in die Haarspitzen motiviert. Mit dem WM-Titel hatte Klinsi eben120 Prozent gefordert.

3. Sagen Sie dem Mitarbeiter: Sie schaffen das!
Wenn der Mitarbeiter angesichts der 120 Prozent sagt: «Das schaff ich aber nicht!», antworten Sie: «Doch. Das schaffen Sie. Ich will, dass Sie mir beweisen, dass Sie es packen. Ich bin davon überzeugt, dass Sie das können.»

Das funktioniert? Garantiert. Die einzige Voraussetzung ist, dass Sie selbst überzeugt sind. Wenn Sie 120 Prozent fordern, aber gleichzeitig stark an der Leistungsfähigkeit Ihres Mitarbeiters zweifeln, merkt er es. Er reagiert doppelt unmotiviert, weil er sich überfordert fühlt und gleichzeitig das fehlende Vertrauen des Chefs in seine Fähigkeiten spürt. Klinsmann glaubte mit jeder Faser seines Körpers an den Titel. Das macht einen souveränen Leader aus.

Erfolgstipp
Erkennen Sie: Der Manager managt das Vorhandene. Der Leader führt sein Team ins noch nicht Vorhandene.

«Sie schaffen das!» – warum funktioniert ein so simples Rezept? Weil Mitarbeiter sehr empfänglich sind für *Self-Fulfilling Prophecies*: Wenn eine Autoritätsperson an sie glaubt, glauben sie selber an sich. Es versteht sich von selbst, dass souveräne Führungskräfte sehr genau einschätzen können, was ein Mitarbeiter draufhat – und was nicht. Doch selbst eine faktische Überforderung ist nicht schlimm.

Klinsmann wollte den Titel (= 120 Prozent). Doch obwohl die Manschaft dieses höchste Ziel verfehlt hat, brachte sie eine bessere Leistung, als jemals jemand zuvor zu hoffen gewagt hatte.

Was aber, wenn die 120 den Mitarbeiter zu sehr überfordern und ihn deshalb demotivieren? Dann nehmen Sie einen weiteren Finger zur Hilfe (Dazu ist er da …).

4. Verhandeln Sie die Unterstützung!

Manche Mitarbeiter kommen von alleine drauf, andere (weniger motivierte) müssen Sie fragen: «Was brauchen Sie, um die 120 Prozent zu erreichen?» – «Einen Cadillac, mehr Mitarbeiter und zwei Millionen Budget!», kann die Antwort lauten. Bleiben Sie cool, sagen Sie: «Es wäre schön, wenn ich Ihnen das geben könnte. Ich habe aber nicht die Mittel dazu. Also – was brauchen Sie, was *ich* Ihnen geben kann?» Und dann verhandeln Sie mit ihm über das Machbare ganz so, wie Sie mit jedem anderen Geschäftspartner auch verhandeln würden.

«Mit dem Mitarbeiter verhandeln? Was bildet der sich ein? Wenn ich ‹hopp› sage, dann muss der springen!» Manager, die so denken, können nicht motivieren und wirken ziemlich unsouverän – leider gibt es zu viele von ihnen. Es hüpft eben niemand, wenn jemand «hopp» sagt. Wir können jedoch ausschließen, dass Sie so einer sind. Manager mit so simplem Gemüt lesen selten Fachbücher über souveränes Führen …

5. Zeigen Sie Konsequenzen auf

Zur Motivation mancher Mitarbeiter reicht eine einzelne Maßnahme des 5-Finger-Modells, andere benötigen die ganze Hand. Sie sind sogar noch nach Ihrer Zusage an Unterstützung wenig motiviert. Diesen müssen Sie den Marsch blasen:

Führungskräfte sind heutzutage manchmal etwas schwach in Kommunikation. Deshalb drohen sie oft, wenn Sie die Konsequenzen aufzeigen wollen. Sie sagen etwa: «Wenn Sie Ihr Ziel nicht erreichen, kriegen Sie mächtig Probleme!» Wer droht, will emotional einschüchtern – und löst daher Reaktanz (Widerstandsverhalten) aus. Wer hingegen ganz sachlich die Konsequenzen aufzeigt, schaltet den gesunden Menschenverstand des Mitarbeiters (wieder) ein.

Richtig wäre beispielsweise folgendes Vorgehen: «Wenn Sie die 120 Prozent bis zum Quartalsende erreichen, läuft unser neues Produkt termingerecht vom Stapel, wir machen pro Woche eine Million Umsatz, dem Unternehmen geht es gut, mein Chef ist zufrieden und Ihr Arbeitsplatz deutlich sicherer als vorher.»

Wenn der Mitarbeiter weiß, was er mit seiner Aufgabe wem (gerade auch sich selbst!) Gutes tut, arbeitet er weitaus motivierter. Der Mensch arbeitet nicht nur fürs Brot allein.

Wenn die Aufzählung der positiven Konsequenzen reicht (schauen Sie ihm ins Gesicht!) – *finito*.

Wenn nicht, zeigen Sie ihm auch die negativen Konsequenzen auf: «Wenn Sie Ihr Ziel nicht schaffen, verspätet sich das neue Produkt, die Time to Market wird überschritten und wir büßen pro Woche Verzug eine Million Umsatz ein. Für das Unternehmen ist das eine Menge Geld. Für mich ist das ein echtes Problem meinem Vorgesetzten gegenüber. Deshalb wir das auch für Sie reichlich unangenehm werden.»

Und werden Sie nicht zu abstrakt, zum Beispiel so: «Das bringt das Unternehmen voran!» – «Ach ja?», denkt der Mitarbeiter, «das kann ja jeder behaupten.» Sagen Sie ihm ganz konkret, inwiefern sein kleiner Beitrag das Unternehmen voranbringt. Die Konsequenzen müssen dem Mitarbeiter so klar sein, dass er sie auf der eigenen Haut fühlt.

«Ach, der weiß schon, was wir damit erreichen wollen und was passiert, wenn er das nicht erreicht», sagen sich viele Vorgesetzte. «Schließlich wird er dafür bezahlt, das zu wissen.» So reden unsouveräne Vorgesetzte. Das sieht der Betroffene denn auch meist ein, wenn wir ihn fragen: «Wenn Ihr Chef Ihnen eine Aufgabe gibt, ohne zu sagen, wozu und wofür das ist und was passiert, wenn Sie das verbummeln – wie motiviert gehen Sie dann die Sache an?»

Es gibt kein Wir!

Das 5-Finger-Modell ist einfach anzuwenden. Das Feedback aus der Führungspraxis reicht von Erleichterung bis Enthusiasmus. Wenn Manager bei der Umsetzung auf ein Problem stoßen, dann ist es meist der weit überschätzte Teamgeist: Silke, Laborleiterin bei einem Kosmetikunternehmen, sagt zum Beispiel zu ihrem Laborteam: «Wir müssen noch in diesem Quartal 15 Prozent mit den Kosten runter!» Warum ist das Ziel trotz angewandter 5-Finger-Motivation auch nach einem halben Jahr nicht erreicht? Weil von «wir» nicht die Rede sein kann:

- Silke will 15 Prozent weniger Kosten.
- Ihr Team jedoch denkt: «Das heißt: weniger Geld für … Viel mehr selber machen … vielleicht Jobs in Gefahr!»

Erfolgstipp

Gehen Sie davon aus, dass die Mitarbeiter andere Ziele anstreben als Sie.

«Was?», denken Sie vielleicht. «Die Mitarbeiter opfern sich nicht bis zum letzten Hemd für die Unternehmensziele auf?»

Regen Sie sich nicht darüber auf, dass Mitarbeiter eigene Interessen verfolgen («Was fällt denen ein!»). Bringen Sie Unternehmensinteressen und Mitarbeiterinteressen zusammen.

Das mag Führungsdespoten nicht schmecken – doch diese Strategie ist sehr viel erfolgreicher als Konfrontation. Und Erfolg hat immer Recht.

Also sagt Silke: «Ich weiß, dass Sie Einschränkungen befürchten. Also lassen Sie uns darüber reden, wie Sie möglichst viele Ihrer Freiräume behalten können und ich gleichzeitig meine 15 Prozent bekomme.» Sobald Silke das sagt, sabotieren die Mitarbeiter nicht länger die Kostensenkung, sondern machen recht brauchbare Vorschläge. Es geht voran.

Motivation für Fortgeschrittene

Wenn Sie das 5-Finger-Modell beherrschen, werden Sie bemerken, dass Sie bald ohne Finger rechnen können. Exzellente Motivatoren nehmen nicht mehr ihre Finger zu Hilfe, Sie konzentrieren sich ganz auf den Mitarbeiter.

 Erfolgstipp
Was einen Mitarbeiter motiviert, verrät er Ihnen selbst.

Er zeigt es nämlich durch konkludentes (schlüssiges) Verhalten. Dadurch weist er Sie auf drei Motivationsknöpfe hin, die Sie drücken können:
- Streben nach Belohnung
- Erfolg erzielen, Nutzen genießen
- Angst vor negativen Konsequenzen, Gesichtsverlust, Versagen

Exzellente Führungskräfte spielen auf dieser Tastatur wie auf einem Steinway. Woher wissen sie aber, welchen Knopf sie drücken müssen? Das verrät Ihnen der Mitarbeiter selber.

Frank zum Beispiel ist ein «harter Brocken». Auf Bestrafungen wie öffentliches Abwatschen oder Anerkennungsdeprivation reagiert er gar nicht mehr, weil er ein dickes Fell hat. Es sei denn, es geht ans Geld – das motiviert selbst ihn. Sebastian dagegen verdoppelt schon seine Schlagzahl, wenn sein Abteilungsleiter ihn morgens schief anschaut. Wer das von beiden Mitarbeitern weiß, kann beide souverän motivieren. Man(ager) muss lediglich seine Mitarbeiter kennen. Menschenkenntnis bedeutet Motivationspower.

Die Champions unter den Motivatoren drücken selten auf die ersten beiden Knöpfe. Der eine erinnert zu sehr an die Peitsche (Strafe), der andere ist meist zu teuer (Belohnung). Außerdem ist keiner von beiden so erfolgreich wie der dritte Knopf: Erfolg und Nutzen.

Wer einen Menschen nicht sehr genau kennt, kommt nicht darauf, was für ihn persönlich Erfolg bedeutet oder was ihm nutzt. «Aber 200 Euro mehr nutzt doch jedem!», sagen unsouveräne Führungskräfte oft und gerne. Der souveräne Motivator meint dazu wissenschaftlich fundiert: *Nonsens*. Das Nutzenkonzept erschließt sich am eindrücklichsten aus folgendem Beispiel:

Michael Klepp ist Verleger. Einen seiner besten Redaktionsleiter möchte er zum Verlagsleiter befördern. Er macht ihm ein Angebot, das dieser unmöglich ablehnen kann, meint er. Der Redakteur will nicht. Der verdutzte Verleger stellt ihn zur Rede:

«Aber reizt Sie der Job nicht?»

«Nö.»

«Sie hätten 25 Leute unter sich!»

«Diese Verantwortung will ich nicht.»

«Sie verdienen weit über 100 000!»

«Mir reicht das, was ich verdiene. Ich will nicht mehr.»

«Mensch, was wollen Sie dann?»

«Eigentlich nur in Ruhe interessante Texte redigieren.»

Klepp ist ein souveräner Manager. Er weiß:

Erfolgstipp
Motiviere mit dem Motiv, das dir der Mitarbeiter anbietet!

Es zeichnet Klepp aus, dass er in dieser Situation blitzschnell das erkennt, was für seinen Redakteur offensichtlich einen überragenden Nutzen darstellt: «In Ihrem neuen Job könnten Sie viel mehr und viel interessantere Texte redigieren. Sie können sich sogar die Themen aussuchen.»

«Hm, und wer macht den ganzen Verwaltungskram?»

«Den machen zu 70 Prozent Sie, den Rest macht ein Assi. In der Restzeit können Sie nach Herzenslust redigieren.»

«50:50, und ich mach es!»

«60:40.»

«Wann fange ich an?»

Der Meistermotivator forscht permanent nach, wofür Menschen besonders empfänglich sind, worauf sie anspringen – und gibt es ihnen, wenn er ihre Dienste braucht. Das ist keine Manipulation. Das ist ein Win-win-Deal. Und eine tägliche Beziehungsaufgabe. Für souveräne Führungskräfte.

Auf einen Blick: Souverän motivieren
- Motivieren Sie nach dem 5-Finger-Modell.
- Fortgeschrittene Führungskräfte motivieren individuell auf den Mitarbeiter zugeschnitten.
- Am stärksten springen Menschen auf das an, was sie (und meist nur sie) als überragenden Nutzen verstehen – und durch geschicktes Nachfragen immer zu verstehen geben.

> «Die wichtigste Anwesenheitsstunde ist die zwischen 18 und
> 19 Uhr – denn da kommt der Chef vom Golfplatz und macht
> die letzte Runde!»
>
> Teilnehmer während eines Inhouse-Seminars
> (worauf innerhalb eines Vierteljahres die Anwesenheitsdichte in
> besagter Stunde dramatisch stieg)

2. Wie schaffe ich mit weniger Leuten mehr?

Überall ist in den letzten Jahren massiv entlassen worden. Gleichzeitig wird die Arbeit immer mehr. Wie passt das zusammen? In vielen Unternehmen machen heute zwei Leute die Arbeit von früher fünf – wie soll das gehen?

In dieser Situation delegiert Ihnen der Vorstand ein ehrgeiziges Projekt. Sie nehmen es in Angriff, projektieren und konzipieren äußerst clever und beginnen gerade zu hoffen, dass Sie das unerreichbar scheinende Ziel doch irgendwie erreichen können – und was entdecken Sie als Nächstes?

Sie haben zu wenig Leute dafür! Das Ziel ist mit Ihrer Personalkapazität nicht zu schaffen. Jetzt stehen Sie ganz schön dumm da. Einziger Ausweg, der Ihnen einfällt: Überstunden bolzen bis zum Abwinken.

«Wie denn, wenn wir jetzt schon massig Überstunden schieben?!», dürften die meisten Vorgesetzten an dieser Stelle einwenden. Okay, wenn tatsächlich keine zusätzlichen Überstunden möglich sind, dann sitzen Sie ganz schön in der Falle. Aber nicht in der, in der Sie zu sitzen glauben. Wenn die Überlastung nämlich so groß ist, dass nicht mal mehr Überstunden helfen, sind statt der Überlastung häufig die Überstunden selber das Problem: Sie sind ein Fake, ein Schwindel.

Um diesen Schwindel zu durchschauen, muss man Arbeitszeit-Phänomene wie die im Eingangszitat erwähnten Golf-Überstunden verstehen. Sie glauben doch wohl nicht, dass die Mitarbeiter in besagtem Unternehmen bis 19 Uhr irgendetwas Sinnvolles arbeiten? Sie sitzen ihre Zeit ab (surfend, mailend, chattend), bis der Big Boss vom Golfplatz kommt. Die tun nichts Produktives, lassen sich dafür aber fürstlich bezahlen!

Da schwant Ihnen Schlimmes? In der Tat. Die Schlussfolgerungen daraus sind nämlich erschütternd: Es gibt einen Zusammenhang zwischen Arbeitszeit und Output! Wir haben das schon mehrfach empirisch belegt: Wer länger arbeitet, *liefert nicht zwingend eine größere Arbeitsleistung.*

Das müssen Sie uns nicht glauben. Sie haben es sicher selbst schon beobachtet: Wenn in Zeiten guter Auftragslage die Arbeitsmenge steigt, steigt auch die Arbeitszeit. Wenn die Arbeitsmenge nach Abklingen der Belastungsspitze wieder auf den Ausgangswert sinkt, fällt die Arbeitszeit jedoch nicht mehr auf ihren Ausgangswert zurück.

Die Mitarbeiter bleiben länger als von der Arbeitsmenge her nötig wäre! Was machen sie in der überschüssigen Zeit? Lohn beziehen und Pseudobeschäftigungen nachgehen. «Beschäftigt aussehen», wie das die Mitarbeiter selbst nennen.

Spielen wir das Ganze am Beispiel eines flexiblen Arbeitszeitinstrumentes durch. Mal angenommen, Ihre Arbeitszeitkonten dürfen bis +100 gehen (100 = maximal mögliche Überstundenzahl, Normalauslastung = 0). Was schätzen Sie, wo sich der Durchschnittswert einpendeln wird?

Zwischen 50 und 80 – und zwar völlig unabhängig davon, ob gerade viel oder weniger Arbeit anfällt! Rein statistisch betrachtet, entwickelt sich die Zahl der Überstunden unabhängig von der Arbeitsbelastung!

Jeder Meister weiß das, wenn er Sprüche prägt wie: «Der Meier schiebt gerade besonders viele Überstunden. Der muss sein neues Haus abbezahlen.» Das Haus determiniert die Anzahl seiner Überstunden – nicht der Arbeitsanfall.

Wenn Mitarbeiter mehr Überstunden leisten als durch die Auftragslage gerechtfertigt – was machen die dann in dieser eigentlich überflüssigen Zeit? Sicher nichts Produktives. Deshalb ist der Schluss «Ich habe zu wenig Leute für diese Aufgabe!» in den meisten Fällen ein Fehlschluss. Wenn Mitarbeiter auf alle überflüssigen Überstunden verzichten würden, wären (mehr als) genügend Personalkapazitäten vorhanden!

Mitarbeiter arbeiten so lange, wie sie es für opportun halten

Selbst wenn Firmen kurz davor sind, Kurzarbeit anzumelden, gehen in den meisten Fällen die Arbeitszeitkonten nicht wie eigentlich logisch und nötig ins Minus (falls das erlaubt und vereinbart ist). Aus Sicht des Unternehmens ein Sargnagel – denn auch die Lohnkosten treiben das Unternehmen in die Kurzarbeit! Aus Sicht des Mitarbeiters rational – noch mal schnell Kohle machen, bevor es weniger Arbeit gibt.

Flapsig formuliert: Der Mitarbeiter kommt und geht, wann er will, und nicht, wann sein Chef das will. Das muss nicht aus Geldgier oder wegen des privaten Hausbaus geschehen. Im Gegenteil: Oft bleiben Mitarbeiter länger, um die irrsinnigen Spielregeln ihres Unternehmens zu beachten; wie zum Beispiel die im Eingangszitat erwähnte Golf-Überstunden-Regelung: «Geh erst, wenn der Boss vom Golfplatz zurück ist – sonst macht er dir Ärger!»

Mitarbeiter schieben also Überstunden, weil dies geheime Spielregeln am Arbeitsplatz verlangen! Warum geheim? Kann sich das nicht jede(r) denken? Vielleicht jeder Mitarbeiter. Aber nicht jeder Manager. Der vom Green heimkehrende Geschäftsführer zum Beispiel war und ist ahnungslos. Er kennt die Regel bis heute nicht – obwohl sie außer ihm fast jeder Mitarbeiter kennt. Er weiß nicht, dass viele seiner Mitarbeiter seit zwei Stunden im Büro sitzen, an den Nägeln kauen und dafür Gehalt beziehen. Woher wir wissen, dass er es nicht weiß? Weil er die herumsitzenden Mitarbeiter doch sonst nach Hause schicken würde. Tut er das? Nein, er freut sich auch noch, dass er abends noch so viele «Fleißige» vorfindet. Und wöchentlich werden es mehr …

Überlegen Sie mal, was so ein Geschäftsführer denken muss, wenn er überraschend einen ehrgeizigen Auftrag hereinbekommt: «Das schaffen wir nicht! Die Leute sitzen doch schon jetzt bis sieben im Büro!» Schon schnappt die Falle zu. Dass die Mitarbeiter schon lange zu Hause wären, wenn er nicht seine unsinnige Golfrunde drehen würde – darauf kommt er nicht.

Wie läßt es sich vermeiden, in diese Falle zu treten?

Die Lösung liegt im Tal

Das Perfide am Thema «mangelnde Kapazitäten» ist, dass das Problem meist erst dann wahrgenommen wird, wenn wir bereits in der Falle sitzen, wenn die Belastung zu groß wird, wenn wir «zu wenig Personal» für eine Aufgabe haben. Doch die Lösung des Problems liegt nicht auf der Belastungsspitze, sondern im Auslastungstal:

Erfolgstipp
Sorgen Sie in Auslastungstälern dafür, dass die Arbeitszeitkonten runtergehen. So schaffen Sie Reserven für Ihre Spitzenzeiten.

An dieser Stelle schnappen Führungskräfte in Seminar und Coaching heftig nach Luft: «Wie? Soll ich die Leute etwa nach Hause schicken?» Die direkte Einflussnahme auf die Arbeitszeit ist nur eine, zugleich die schwierigste Möglichkeit. Beginnen wir unseren Maßnahmenkatalog damit.

«Ich brauche Sie am Samstag!» Das ist paradoxerweise viel leichter auszusprechen als: «Ich brauche Sie morgen nicht!» Daher – sagen Sie es äußerst behutsam! Aber sagen Sie es. Und sagen Sie es richtig!

Wenn Sie einem Mitarbeiter mitteilen, dass Sie ihn nicht brauchen, fühlt der sich gleich herabgesetzt («Die brauchen mich nicht mehr!») und bangt um seinen Arbeitsplatz. Genau diese Befürchtungen sollten Sie vorwegnehmend entkräften, indem Sie ganz behutsam formulieren, zum Beispiel so: «Es läuft gerade alles glatt, wir haben weniger Arbeit als sonst. Doch schon bald werde ich Sie wieder verstärkt brauchen. Daher meine Bitte: Nehmen Sie sich jetzt Zeit, all das Private zu erledigen, was Sie schon lange tun wollten oder vor sich herschieben. Besser noch: Erholen Sie sich und schöpfen Sie neue Kraft. Denn bald schon sind Sie wieder voll im Einsatz. Also: Morgen freinehmen.»

Wie gesagt, das ist die direkte Möglichkeit, Reserven für Spitzenzeiten zu schaffen (und nicht für Golf-Überstunden Gehalt zu bezahlen). Es gibt noch viele andere, zum Beispiel:

Erfolgstipp
Killen Sie Effizienzkillersprüche gnadenlos!

Warum arbeiten Mitarbeiter, wenn es eigentlich nichts zu arbeiten gibt? Warum täuschen sie eine Auslastung vor, die Sie in Spitzenzeiten in die Falle treibt? Normal ausgelastet zu sein reicht in Zeiten nicht mehr, in denen man täglich seinen Arbeitsplatz verlieren kann. Wehe du bist nicht chronisch überlastet! Was passiert nämlich, wenn ein Mitarbeiter von sich aus versucht, sein Arbeitszeitkonto einer gesunkenen Belastung anzupassen? Dann wirft man ihm vor, nur in Teilzeit zu arbeiten. Oder bekommt einen anderen Spruch zu hören. Wer zum Beispiel um 16 Uhr geht, weil er sein Pensum erledigt hat, kriegt Sprüche zu hören wie: «Erst jetzt in die Mittagspause?» oder: «Ihnen ist die Arbeit ausgegangen?». Wer effizient arbeitet, wird auf diese Art vom Kollegium und vom Chef bestraft. Klar, dass der Mitarbeiter dann lieber noch zwei Stunden Däumchen dreht und mordsbeschäftigt aussieht, als jemals wieder zu versuchen, effizient und effektiv zu arbeiten.

Wo bleibt in Fällen eklatanter Leistungsverweigerung der Vorgesetzte?

Wir kennen einen, der zufällig so einen dummen Spruch mit halbem Ohr mitbekam, als er über den Gang düste. Er blieb wie angewurzelt stehen und kommentierte in einer Lautstärke, dass es auch noch der Hinterste im Gang mitbekam: «Wenn einer so effizient und leistungsstark ist, dass er schon um zwei gehen kann, dann hat dieses Unternehmen mehr davon als von den ewigen Abhockern, die zehn Stunden im Viereck springen, dabei wenig zustande bringen und wegen ihres unnötigen Stressmachens auch noch alle Nase lang krank sind.»

Sekundenlang war es totenstill auf der Etage. Danach wurde nie wieder ein Killerspruch gehört. Die Arbeitszeitkonten gingen wie durch Zauberhand deutlich zurück. Denn jeder wusste jetzt: Wenn der Chef dich beim «beschäftigt Aussehen» erwischt, ist er sauer.

Es empfiehlt sich daher, jeden möglichst im Beisein vieler Ohrenzeugen lauthals zu loben, der vor «Feierabend» nach getaner Arbeit heimgeht. So loben Sie sich Kapazitätsreserven zusammen für die nächste Auslastungsspitze.

Reagieren Mitarbeiter nicht ungehalten, wenn sie auf Überstunden verzichten müssen? Die meisten (abzüglich der Häuslebauer) nein, aus vielerlei Gründen. Erstens bleiben sie meist nur, weil sie berechtigt glauben, dass Rumsitzen belohnt wird, wie etwa im Fall des Golf-Geschäftsführers. Oder weil sie sich wegen der spitzen Bemerkungen der KollegInnen nicht trauen, nach Hause zu gehen. Die meisten Mitarbeiter gehen lieber heim als zu arbeiten. Und wenn Sie ihnen täglich vermitteln, dass das in auslastungsschwachen Zeiten nicht nur ganz in Ordnung, sondern sogar gewünscht ist, dann machen die das auch – und bauen Ihnen dabei gleichzeitig Reserven für Auftragsspitzen auf.

Für diese Reserven können Sie noch mehr tun.

Hören Sie auf, effiziente Mitarbeiter zu bestrafen!

Was passiert, wenn ein Mitarbeiter zum Chef geht und sagt: «Ich hab zu wenig Arbeit!»? Richtig, der Vorgesetzte flippt aus und brummt dem Faulpelz eine Aufgabe auf, die sich gewaschen hat. Was lernt der Mitarbeiter daraus? Das, was jeder neue Mitarbeiter auf der ganzen Welt am ersten Arbeitstag von den älteren Kollegen gesagt bekommt: «Du musst hier drin immer schön beschäftigt aussehen. Mach bloß nie den Eindruck, dass du mit deinem Pensum zurechtkommst! Sonst brummt dir der Chef nämlich 'ne Strafarbeit auf!»

Erfolgstipp
Wer fleißige, ehrliche Mitarbeiter bestraft, verspielt sich Kapazitätsreserven!

Natürlich gibt es in jeder Abteilung viele Überflieger, die schneller als der Schnitt mit ihrem Pensum fertig werden und daher freie Kapazitäten hätten. Und was macht der Chef, der selbstsabotierende, der unsouveräne? Er provoziert den Mitarbeiter dazu, künftig diese Kapazitäten zu verschweigen, zu verschleiern, «beschäftigt» auszusehen.

Wie wär's denn, wenn Sie den Mitarbeiter nach Hause schickten? «Sie haben nichts mehr zu tun? Schon fertig mit X und Y? Zeigen Sie mal her! Ja, tatsächlich, gut gemacht. Nehmen Sie sich frei! Sie haben es sich verdient!»

Besser noch: Geben Sie dem Mitarbeiter eine Honigaufgabe. Eine, nach der sich jede(r) die Finger leckt. Was passiert?

Die Fleißaufgabe für Fleißige ist ein Prestigesymbol! Wer sie bekommt, gehört dazu. Jeder Mitarbeiter will dazugehören.

Gemacht wird, was belohnt wird. Wenn belohnt wird, dass Mitarbeiter bis sieben auf den golfenden Geschäftsführer warten, dann machen sie das. Wenn belohnt wird, dass sie freie Kapazitäten melden, dann machen sie das auch. Wofür entscheiden Sie sich?

Mitarbeiter A: «Ich sorge für freie Kapazitäten. Ich melde sie meinem Vorgesetzten. Denn dann darf ich wirklich interessante Aufgaben machen.»

Mitarbeiter B: «Ich blas mein Arbeitspensum künstlich auf, damit der Chef mich in Ruhe lässt.»

Welchen Mitarbeiter hätten Sie gerne?

Die Ampel-Strategie

Sie können das Ganze auch mit System angehen. In der Praxis hat sich die Ampel bewährt – installieren Sie eine!

Grün bedeutet, dass das Arbeitszeitkonto zwischen −20 und +20 liegt. Dann darf der Mitarbeiter selbst bestimmen, ob er länger bleibt oder früher heimgeht.

Gelb bedeutet, dass das Arbeitszeitkonto zwischen −20 und −30 oder zwischen +20 und +30 liegt. Dann muss der Mitarbeiter fragen: «Kann/soll ich länger bleiben/früher gehen?» Er muss das mit seinem Vorgesetzten aushandeln.

Rot bedeutet, dass das Arbeitszeitkonto unter −30 oder über +30 liegt. Dann geht die Hoheit über die Arbeitszeit auf den Vorgesetzten über.

Wenn der Mitarbeiter zum Beispiel bei +40 angelangt ist, können Sie, falls nicht tatsächlich Mehrarbeit nötig ist, in diesem Modell anordnen: «Schön, dass Sie in letzter Zeit so viel arbeiten. Bald brauche ich Sie wieder intensiver. Aber für morgen haben Sie sich einen Ruhetag verdient. Nehmen Sie frei.» Wir wiederholen uns gerne: *Sorgen Sie dafür, dass die Arbeitszeitkonten wieder in einen moderaten Bereich kommen* – bevor Sie in die Auslastungsspitze und die Kapazitätsfalle geraten!

Für ganz Souveräne

Auch eine Möglichkeit: Nicht, wer Überstunden macht, kriegt einen Überstundenzuschlag, sondern wer am Jahresende mit seinem Arbeitszeitkonto im grünen Bereich liegt, kriegt einen Bonus. Jaja, wir wissen: Betriebsrat, Gewerkschaft und Tarifdschungel sprechen dagegen. Seltsamerweise nicht überall. Souveräne Manager trauen sich zu, unorthodox zu denken. Wär das nicht auch was für Sie?

Wenn alle Mitarbeiter am Jahresende im grünen Bereich sind, gibt es einen Extra-Bonus. Folge davon? Die Mitarbeiter helfen sich gegenseitig aus. Wenn ein Kollege kurz vor Gelb ist, übernimmt zum Beispiel ein anderer für ihn die Samstagschicht. Die Grünprämie richtet sich im Übrigen danach, was Sie sonst an Überstunden gezahlt haben. Für alle ein gutes Geschäft. Dem Mitarbeiter ist es egal, wofür er sein Geld kriegt. Ob für Überstunden oder für Nicht-Überstunden. Doch fürs Unternehmen ist das ein Riesenunterschied. Ein Unterschied, der die versteckten Kapazitätsreserven gnadenlos aufdeckt.

Best Practice

Wenn Ihnen heute also der Vorstand eine extrem ehrgeizige Aufgabe reindrückt, für die Sie massig Kapazitäten benötigen, dann werden Sie heute Nacht gut schlafen – vorausgesetzt, Sie haben schon vorher damit begonnen, versteckte Reserven zu entdecken. Dabei geht es hier nicht allein darum, Kapazitätsreserven aufzudecken und Leistungskiller abzustellen. Hinter diesen Taktiken steht eine ganze Strategie, die Strategie der fairen Leistungskultur. Diese Kultur treibt der Bereichsentwicklungsleiter eines Weißwarenherstellers seit Jahren auf die Spitze. Ein Extrembeispiel – aber gerade deshalb illustrativ:

Vor Jahren kam ein Entwickler empört zum Vorgesetzten: «Warum darf der Meier schon um drei aus dem Büro?»

«Weil der seinen Kram erledigt hat. Hier sehen Sie: Konstruktion A, B, C.»

«Aber die hab ich auch schon fertig!»

«Warum zum Kuckuck liegen sie mir dann noch nicht vor? Wenn Sie beschäftigt aussehen wollen, dann nur zu. Wenn aber auch Sie jetzt schon nach Hause wollen: her damit!»

Der Vorgesetzte hatte die Konstruktionspläne binnen fünf Minuten.

Das laut geäußerte Credo dieses souveränen Vorgesetzten: «Es ist mir piepegal, wann ihr hier eintrudelt und wann ihr wieder rausgeht – Hauptsache ihr entwickelt besser als die Konkurrenz und schneller als die Terminvorgaben vom Vorstand.»

Die Eigendynamik dieses leistungsbasierten Systems hatte er nicht vorhersehen können. Er wurde davon überrollt. Seine besten Entwickler nahmen ihn beim Wort. Einer von ihnen versuchte sogar, ihn zu provozieren: Er kam wochenlang um halb elf und ging um halb zwei. Weil er aber stets allen seinen Terminen zwei Wochen voraus war, lachte sein Vorgesetzter nur über die Provokation. Als drei seiner Leute *Home Offices* beantragten, sagte er nur: «Ich habe gesagt, dass mir egal ist, wie lange ihr hier sitzt. Hauptsache, die Arbeit wird erledigt. Wird sie das auch, ohne dass ihr hier sitzt – umso besser. Spare ich schon Kosten für Büroausstattung und Raum!»

Es ist völlig klar, dass die Mannschaft komplett antritt und Überstunden bis in den frühen Morgen schiebt, wenn es nötig ist. Doch wenn weniger Arbeit anfällt, warten seine Leute nicht, bis der Big Boss um sieben vom Golfplatz kommt. Sie gehen nach Hause und zeichnen damit ein realistisches Bild ihrer Auslastung und Kapazitätsreserven.

Auf einen Blick

- Mit weniger Leuten souverän mehr leisten.
- Sorgen Sie in Auslastungstälern für ausreichende Kapazität für den Spitzenfall: Schicken Sie die Mitarbeiter nach Hause! Bestrafen Sie Leistungskillersprüche!

> «*Meinem Fünfjährigen muss ich auch alles hundertmal sagen.*
> *Sind meine Mitarbeiter auf dem Entwicklungsstand von*
> *Fünfjährigen?*»
>
> Teilnehmerfrage im Seminar

3. Muss ich alles hundertmal sagen?

Das müssten Sie mal hören! Wenn eine Führungskraft im Seminar diese Frage fallen lässt – welche Brandung der Solidarität da aufschäumt! «Ach, Sie müssen auch immer alles hundertmal sagen? Wie kann man bloß so begriffsstutzig sein!»

Wohlgemerkt: Es gibt Mitarbeiter, denen muss man nur einmal etwas sagen – und sie erledigen es prompt. Es gibt sogar Mitarbeiter, denen muss man gar nichts sagen, weil sie auch Mitdenker sind. Über die reden wir hier nicht. Weil sie wunderbar sind. Wir reden über die, die scheinbar nicht hören oder ganz anderes gehört haben.

Praxisbeispiel Metallbau

Claus ist Geschäftsführer eines Metallbauers und glühender Verfechter von *Management by Walking around*. Jeden Tag durchschreitet er mehrmals den Shop Floor. Und jedes Mal muss er sich dabei ärgern. Heute entdeckt er an einer Maschine zwei Schmiermittelzuläufe, die nicht mehr schmieren, weil sie verstopft sind. Er tobt. Wenn die Maschine länger als fünf Minuten ungeschmiert läuft, frisst einer der Antriebe fest. Was sagt Claus?

Sie erraten es: «Ich habe euch schon hundertmal gesagt, dass mindestens nach jedem dritten Werkstück die Zuläufe kontrolliert werden müssen! Warum klappt das immer noch nicht? Jeden Tag steht eine andere Maschine still, wir haben Produktionsausfälle! Und das bei unserer Auftragslage!»

Im Coaching stellt er seinem Coach eine ganze Reihe Fragen: «Wie können Menschen mit gutem Schulabschluss so beschränkt sein? Erfahrene Mitarbeiter, die das seit 20 Jahren machen? Sind die taub? Oder wollen die uns sabotieren? Werden die das jemals lernen? Und wie muss ich das formulieren, damit es endlich gemacht wird?»

Alles verständliche Fragen. Aber leider ziemlich unsouverän. Es gibt nur eine Erklärung:

Erfolgstipp

Erkennen Sie die Falle: Wenn Sie manchen Mitarbeitern immer alles hundertmal sagen müssen, liegt das daran, weil Sie es ihnen immer hundertmal sagen.

Hausgemachtes Problem

Wenn ein Mitarbeiter das Gefühl hat, dass hinter ihm ein Aufpasser steht, der ihm permanent einflüstert, was er wann wie machen soll, dann hört der Mitarbeiter irgendwann auf, selbstständig zu denken, und wartet förmlich darauf, dass man ihm hundertmal sagt, was er tun soll. Weil er es so gewohnt ist. Weil er zur Hörigkeit erzogen wurde.

Sie sind entrüstet? Mit Recht. Keine Führungskraft lässt sich so etwas gerne sagen. Einige erwidern: «So ein Quatsch! Ich erziehe meine Mitarbeiter doch nicht zur Unselbstständigkeit! So oft mische ich mich doch gar nicht in deren Kram ein!» Als wir dieses Argument zum ersten Mal bei einem Anlagenbauer hörten, waren wir wirklich unsicher. Also fragten wir die zwei Dutzend Projektleiter des Unternehmens:

«Wie oft fragt Ihr Chef nach Ihrem Projekt?»

«Och, so oft gar nicht.»

«Wie oft?»

«Hm, schon ein-, zweimal am Tag.»

«Und was sagt Ihnen der Chef dabei?»

«Och, eigentlich immer dasselbe: schneller vorankommen, das Budget noch mehr kürzen …»

«Haben Sie schon mal von sich aus versucht, das Projekt zu beschleunigen oder Kosten zu senken?»

«Nö. Wozu? Das macht doch der Chef für uns. Der sagt uns das hundertmal in einer Woche!»

Was zu beweisen war.

Kein Vorgesetzter erzieht seine Mitarbeiter zur Unselbstständigkeit. Absichtlich. Das passiert immer ungewollt. Es passiert sogar in bester Absicht: Führungskräfte haben das Gefühl, dass sie ständig «dranbleiben» müssen, damit die Dinge vorankommen. Aus diesem Grund sagen sie Mitarbeitern ständig, was sie zu tun haben – und wundern sich dann, dass sie alles hundertmal sagen müssen.

Genug gejammert. Wie macht man's richtig? Paradoxerweise sieht Claus das, sobald er auf dem Shop Floor rechts statt links abbiegt.

Best Practice

Wenn Claus rechts abbiegt, gelangt er statt in die Massenfertigung in die Sonderfertigung. Dort stehen teilweise dieselben Maschinen. Jedoch: Seit Menschengedenken ist dort noch kein Antrieb trockengelaufen! Noch verrückter wird es, als Claus in der Sonderfertigung einen Mitarbeiter entdeckt, der bis vor Kurzem noch in der Massenfertigung stand – und dort nur «Trocken-Thomas» hieß, weil jede Woche mindestens einmal die Instandhaltung ausrücken musste, um einen seiner trockengelaufenen Antriebe in Stand zu setzen. Als Claus ihn erblickt, frotzelt er fröhlich:

«Na? Wie oft lief Ihre Maschine hier schon trocken?»

«Noch kein einziges Mal!»

«Glaube ich nicht! Wie das denn?»

«Na hören Sie mal, schon bevor der Antrieb heißläuft, sind die letzten vier Werkstücke nicht mehr in der Toleranz. Was glauben Sie, wie der Kunde tobt, wenn er so ein Teil bekommt! Ich sabotier ja nicht meinen eigenen Arbeitsplatz!»

Claus kriegt den Mund nicht zu. Er hat den schlimmsten Verdacht, den ein Manager haben kann: Da ist einer besser als er! Sein Sonderfertigungsleiter ist ein besserer Manager als er selbst! Sein Sonderfertigungsleiter ist souveräner als er! Er nimmt ihn sich prompt zur Brust und hat nur eine Frage: «Wie haben Sie aus diesem Saulus einen Paulus gemacht?» Der Abteilungsleiter zuckt mit den Schultern. Claus insistiert: «Ich habe dem hundertmal gesagt, er soll seine Schmierzuleitung kontrollieren – der hat das nie getan.»

«Ah», sagt der Sonderfertigungsleiter trocken. «Daran hat es wohl gelegen. Sie haben ihm das Falsche hundertmal gesagt.»

Es stellt sich heraus, dass der Sonderfertigungsleiter ebenfalls hundertmal predigt – aber etwas ganz anderes.

Erfolgstipp

Wer hundertmal Operatives predigt, muss bis zum jüngsten Tag predigen. Wer dagegen Strategisches predigt, muss nie wieder operativen Kleinkram predigen.

> «Wenn du ein Schiff bauen willst, dann trommle nicht Männer zusammen, um Holz zu beschaffen, Aufgaben zu verteilen und Arbeit einzuteilen, sondern lehre sie die Sehnsucht nach dem weiten endlosen Meer.»
>
> ANTOINE DE SAINT-EXUPÉRY (1900–1944)

Überzeugung überzeugt

Strategisches? Sie können es auch Vision nennen. Wir nennen es: Überzeugung.

Der Sonderfertigungsleiter führt souverän. Er predigt jeden Tag dutzendfach seine Überzeugung: «Stellt euch vor, ihr seid der Kunde. Erwartet ihr da nicht tipptopp Qualität? Wir liefern makellos, fehlerfrei, beste Qualität. Immer. Ohne Ausnahme. Wir liefern die beste Qualität, die sich ein Mensch nur vorstellen kann, zu den niedrigstmöglichen Kosten. Deshalb werden wir auch morgen noch einen sicheren, gutbezahlten Arbeitsplatz mit Qualitätsbonus haben.» Das hört sich gut an? Das finden seine Mitarbeiter auch. Also muss er gar nicht über trockengelaufene Antriebe und ähnlichen Klein- und Kinderkram reden. Weder hundertmal noch einmal. Er muss überhaupt nicht darüber reden. Seine Mitarbeiter achten da schon selber drauf, denn sie haben die Überzeugung «inhaliert», die ihr souveräner Vorgesetzter verbreitet.

Wenn das so einfach ist, warum macht das nicht längst auch der Abteilungsleiter von der Massenfertigung? Gute Frage. Fragen Sie doch mal zehn x-beliebige Abteilungsleiter nach ihrer Vision oder Überzeugung. Oder fragen Sie sich selbst: Was ist Ihre? Na? Eben.

Die meisten Führungskräfte haben keine eigene Überzeugung oder beten die Vision des Unternehmens herunter – meist falsch zitiert –, wie sie im Vierfarb-Hochglanz-Imageprospekt steht. Ohne Überzeugung. Eben auswendig gelernt. Kein Vorwurf! Das machen fast alle. Die Versuchung ist ja auch groß. Der Fehler dabei ist jedoch: Wer die Unternehmensvision 1:1 übernimmt, hat sie nicht auf seine Führungsebene und vor allem auf die Nutzebene seiner Mitarbeiter heruntergebrochen. Deshalb bleibt sie hohl und leer und kann Ihre Mitarbeiter nicht so begeistern, dass diese nicht jeden Tag hundertmal auf den trivialsten Kleinkram aufmerksam gemacht werden müssen. Daher:

Dann müssen Sie den ganzen Kleinkram irgendwann nicht mehr sagen. Weder hundert- noch einmal. Wann ist irgendwann? Nach einigen Monaten, spätestens nach einem Jahr. Das ist lange? Nein. Das ist ein Wimpernschlag im Vergleich zu der Aussicht, Ihr ganzes Führungsleben lang unsouverän jedes Detail hundertmal sagen zu müssen.

Die Keine-Ratschläge-Regel

Elena steckt bei einem wichtigen Kunden fest. Holger, ihr Chef, rät ihr: «Gehen Sie noch mal in die Bedarfsanalyse rein. Sie müssen irgendwas übersehen haben!» Als Elena mürrisch abzieht, sagt er zu uns: «Mensch, wie oft hab ich ihr das schon gesagt? Mindestens hundertmal! Warum macht sie das denn nie?» Wir sind sofort hellwach und sprinten hinter Elena her.

In ihrem Büro sagt sie: «Mensch, wie oft hat er das schon zu mir gesagt? Mindestens hundertmal! Warum ich das nie mache? Weil das nix bringt! Bevor ich stundenlang Bedarfsanalyse mache, rede ich doch lieber zehn Minuten mit dem Kunden Tacheles. Dabei kommt mehr heraus!»

Was Sie dem Mitarbeiter als Problemlösung anbieten, ist meist keine Lösung, sondern ein Problem. Es ist eine Führungsfalle.

Gewiss: Es gibt Fälle, da muss man dem Mitarbeiter klipp und klar sagen, was er zu tun hat. Welche sind das? Kleines Quiz: Kommen Sie auf die Lösung?

Oft ist er das nicht. Das erkennen Sie daran, dass Sie Ihren Rat hundertmal wiederholen können – ohne dass er ihn wirklich überzeugt umsetzt.

Nur unsouveräne Manager geben dauernd Ratschläge. Es passiert ganz selten, dass der Mitarbeiter einen Rat von Ihnen will. Ja, das verletzt den Nimbus des allwissenden Allvaters, für den sich unsouveräne Führungskräfte manchmal halten. Mit einer Ausnahme: Ein Vorgesetzter, der nicht Gott spielen, sondern sich durchsetzen möchte, wird einem Mitarbeiter ungefragt niemals einen Rat geben. Was machen souveräne Führungskräfte stattdessen? Dies:

Warum Mitarbeiter keinen Rat von Ihnen wollen

Wenn Sie einem Mitarbeiter einen Rat geben, was denkt/sagt der Mitarbeiter dann?

«Hab ich schon probiert, funktioniert nicht.»

«Das hat doch noch nie funktioniert!»

«Was soll das denn bringen?»

«Och, muss das denn sein?»

«Hm, ja, wenn Sie meinen, probier ich das mal … »

Zu seinen Kollegen sagt der Mitarbeiter dann: «Was der Chef immer für Ideen hat! Aber der steht ja nicht in der Praxis. Der sitzt hinter seinem Schreibtisch.» Gegen die Skepsis des Mitarbeiters kommen Sie nicht an. Daher:

Das machen Sie, indem Sie ihm helfen, eine Lösung für sein Problem zu finden, die zum einen funktioniert und die er zum anderen auch akzeptieren kann. Und wie macht man das? Mit dem Königsinstrument souveräner Führungskräfte, mit Fragen. Fragen Sie den Mitarbeiter:

- Woran könnte es denn liegen?
- Und wenn es daran liegt, was könnten Sie tun?
- Was haben Sie denn schon probiert?
- Was hat warum nicht funktioniert?
- Wie könnte es funktionieren?
- Was hat wenigstens teilweise funktioniert?
- Wie könnten Sie diese Teillösung ausbauen?
- Wer hat schon mal ein ähnliches Problem gelöst?
- Welche total verrückte Lösung könnte funktionieren?
- Was hindert Sie an einer guten Lösung?
- Wie können Sie dieses Hindernis beseitigen?

Sobald ein Manager diese Fragen stellt, wird er souverän. Er wird vom Manager zum Leader. Zum Coach, genau genommen.

Sagen Sie dem Mitarbeiter also nicht, wo das Osterei liegt, sondern bringen Sie die Geduld und die Fragen auf, es ihn selbst finden zu lassen. Wenn Sie ihm sagen: «Guck, da hinten liegt es», ist der Spaß an der Eiersuche schon weg: Demotivation.

Die Geduld zahlt sich aus: Die Lösung, die der Mitarbeiter aufgrund Ihres Coachings entwickelt, wird er hochmotiviert umsetzen. Ohne dass Sie es hundertmal sagen. Sie müssen es genau genommen sogar kein einziges Mal sagen.

Die Erklärung dafür ist einfach: Für die Lösungen und Ratschläge vom Chef ist keiner motiviert. (Das geht Ihnen ja auch so.)

Für die eigenen Ideen ist jeder Mensch motiviert. Also helfen Sie dem Menschen, seine eigenen Lösungen zu finden.

Das Reißleinen-Prinzip

Was macht Claus, als er bei seinem Walkabout den trockenen Schmierzulauf entdeckt? Er zitiert den säumigen Mitarbeiter zu sich. Damit gewährleistet er, dass er auch alle anderen 20 Fertigungsmitarbeiter zu sich zitieren muss, sobald die ein Problem machen. Logisch, dass Claus erst nach 18 Uhr zu seiner eigentlichen Arbeit kommt, wenn er tagsüber reihum den Oberlehrer spielt. Souveräne Führungskräfte machen das anders:

Erfolgstipp

Arbeiten Sie nach dem Reißleinen-Prinzip: Sobald eine die Vision bedrohende Störung auftritt, wird die Reißleine gezogen, alle für die Störungsbehebung wichtigen Personen unterbrechen ihre operative Tätigkeit und suchen kollegial eine Lösung.

Als Claus dieses Prinzip auf die ständig überquellenden und böse Unfallgefahren darstellenden Ausschuss-Mülleimer anwendet, dazu die vier Gruppenführer, den Abteilungsleiter und einen Instandhalter zusammenruft, erledigt sich das Problem, unter dem die Fertigung jahrelang litt, binnen zehn Minuten. Alle Beteiligten einigen sich darauf, dass der jeweilige Materialholer auch gleich die Mülleimer leert. Claus' Lösung, dass jeder Maschinenführer auch für seinen Abfall zuständig sein muss, hat er jahrelang hundertmal im Monat gepredigt – ergebnislos. Claus ist stinksauer: Auf ihn hören die Leute wohl nicht mehr!

Wenn Führungskräfte in diese Eitelkeitsfalle geraten, sind sie blind für das Reißleinen-Prinzip. Als Claus jedoch einen Monat später die Unfallstatistik vor sich hat und bemerkt, wie sauber jetzt der Fußboden in der Fertigung ist, sieht er ein: Sich durchzusetzen ist genauso falsch, als ständig nur Recht haben zu wollen. Wer souverän führt, hat vielleicht nicht immer Recht – aber er hat immer Erfolg.

Leader sind Überzeugungstäter

Wenn ich sage: «Ich muss ständig hinter denen her sein!», dann muss ich es auch – weil ich nämlich ein Misstrauenssystem aufbaue: Wer ständig kontrolliert und Operatives predigt, behandelt seine Mitarbeiter wie kleine Kinder – und irgendwann verhalten sie sich auch so.

Warum leiden viele Manager an Kontrollitis? Aus Angst vor Versagen und weil sich damit die eigene Existenz rechtfertigen lässt: Seht, wenn ich nicht hinter allem her bin, läuft hier nichts!

Dabei ändern sich die Dinge schon mit einer kleinen Korrektur: Sie dürfen ruhig ständig auf Achse und hinter allem her sein – wenn Sie nicht als Kontrolleur, sondern als Prediger unterwegs sind.

Oder wie ein souveräner Manager es formuliert: «Ich predige meinen Mitarbeitern nicht mehr, wie sie Kunden behandeln sollen. Ich predige ihnen täglich von Kundenorientierung. So lange, bis sie selber drauf kommen, wie der Kunde behandelt werden will.» Das dauert Ihnen zu lange? Das ist im Endeffekt viel kürzer, als wenn Sie alles hundertmal sagen müssen.

Ein anderer souveräner Vorgesetzter sagt: «Ich bin von unserer Service-Offensive überzeugt. So überzeugt, dass ich mir die Zeit nehme, täglich immer wieder mit Mitarbeitern lange und offen darüber zu reden. Ich erkläre ihnen unsere Vision und was ihr Nutzen dabei ist. Ich zeige ihnen: Es wird sich für uns beide lohnen. Das überzeugt die mehr als die hundertste Aufforderung, es doch so oder so zu machen.»

Da liegt die Crux: Mit dem Mitarbeiter reden. Unsouveräne Manager tun das nur äußerst ungern. Das ist eine Herausforderung, der sie sich meist nicht stellen wollen. Weil sie keine eigene innere Überzeugung haben, weil sie ihr nicht glauben oder weil sie zu schwach ist. Deshalb müssen sie ihre Mitarbeiter auf operativer

Ebene permanent kontrollieren und schikanieren. Und beweisen sich damit ständig selbst: Mit diesen Leuten kann es nicht gehen!

Klinsmann ging genau den umgekehrten Weg. Er sah seine Mittelmaß-Truppe an und sagte: Mit diesen Leuten werde ich es packen! Er war davon überzeugt. Und diese Überzeugung trug ihn und sein Team ins kleine WM-Finale. Vision? Überzeugung? Klinsmann? Das hört sich doch sehr esoterisch an. Nein, das hört sich total praktisch an.

Denken Sie nur mal an exzellente Leader, die Sie kennen. Gehen die nicht jedem auf den Nerv mit ihrem Faible, ihrer Marotte? Die tragen ständig ihre Überzeugung vor sich her wie ein Banner. Zum Beispiel die Porsche-Entwickler. Die halten sich für die besten Entwickler der Welt und sagen das auch ständig jedem. Als sie den Auftrag bekamen, für ein Haute-Couture-Label eine Sonnenbrille zu entwickeln, musste denen ihre Entwicklungsleiter nicht hundertmal sagen: «Nehmt die besten Materialien, die kühnsten Entwürfe, die leichteste Handhabung.» Nein, darauf kamen die Entwickler ganz von alleine. Weil die Überzeugung in ihren Köpfen brannte: Wir sind die besten Entwickler der Welt – also ist völlig logisch, dass wir die beste Brille der Welt entwickeln.

Auf einen Blick: Souverän anweisen

- Predigen Sie nicht Operatives, sondern Überzeugung. Dann müssen Sie Kinkerlitzchen nicht ständig hundertmal sagen.
- Geben Sie keine Ratschläge. Fragen Sie den Mitarbeiter so lange, bis er selber drauf kommt.

> «*Die Fehlzeiten von Mitarbeitern sind abhängig vom Vorgesetzten. Wechselt ein Vorgesetzter mit hohem Absentismus in eine Abteilung mit geringen Fehlzeiten, dann steigen binnen weniger Monate die Fehltage mehr oder weniger auf sein altes Niveau.*»
>
> Aus einem internen Papier eines deutschen Konzerns

4. «Die machen doch alle blau!»

Es wird viel darüber berichtet, dass MitarbeiterInnen sich aus Angst um den Arbeitsplatz nicht mehr trauen, selbst im Krankheitsfall bei der Arbeit zu fehlen. Dabei wird übersehen: Auch wenn das stimmt – so ausgedünnt und überlastet, wie viele Abteilungen derzeit sind, schmerzt jeder Fehltag den Vorgesetzten, weil der Arbeitsausfall seine Ziele bedroht und eine angespannte Personalsituation noch weiter verschärft. Deshalb fragen uns Vorgesetzte immer wieder: «Wie kriege ich die Fehlzeiten runter?»

Nur keinen Verdacht im Voraus

«Der macht blau!» Manchmal drängt sich dieser Verdacht förmlich auf. Jedoch: Wer mit Einstellungen wie «Der/die macht blau!» oder «Wie können Sie mich derart hängen lassen!» an das Problem herangeht, wird garantiert Misserfolg ernten.

Denn solche Einstellungen provozieren Mitarbeiter zu heftigstem Widerstandsverhalten, verschleiern die wahren Krankheitsgründe und lösen das Problem nicht, sondern eskalieren und zementieren es. Mit Unterstellungen lassen sich also keine Fehlzeiten senken. Womit dann?

Erfolgstipp

Überprüfen Sie erst einmal, ob Ihr Empfinden von der Faktenlage abweicht.

Viele Vorgesetzte empfinden das krankheitsbedingte Fehlen vor allem von High Potentials oder in Spitzenzeiten als äußerst schmerzhaft. Klar, die Leute fallen aus, die Arbeit bleibt liegen, die Produktivität sinkt. Ärgerlich.

Fakt jedoch ist: Der Durchschnittsmensch erlebt pro Jahr ein bis zwei Infektionen, die ihn für zusammen zwei Wochen ausfallen lassen. Dazu kommen noch die üblichen Unfälle, Sonderfälle oder chronischen Erkrankungen – macht zusammen 10 bis 20 Fehltage, die einfach zum menschlichen Dasein dazugehören. Die Statistik der Betriebskrankenkassen zeigt: Die Zahl der Krankheitstage liegt im Schnitt um die zwölf Tage pro Jahr. Wer weniger Fehlzeiten erwartet, ist kein Realist. Nehmen Sie die Sachlage einfach als solche hin. Auch wenn Sie selbst viel weniger oft fehlen. Auch wenn jeder Fehltag Sie schmerzt.

Falsch auch: die Schrotschussmethode à la «Die feiern doch alle krank!». Wer mit dem Schrotgewehr schießt, verletzt auch viele Unbeteiligte und erwischt oft noch nicht einmal die eigentlich gemeinten Mitarbeiter. Souveräne Führungskräfte gehen anders vor.

Machen Sie Fehlzeiten-Analyse

Machen Sie eine Analyse dieser Art: Welche zehn Prozent der Mitarbeiter verursachen zwei Drittel der Fehlzeiten? Dieser Typ von Analyse nennt sich Pareto-Analyse, nach dem italienischen Soziologen und Ökonom Vilfredo Pareto (1848–1923), der diese Relationen erstmals untersucht hat.

Wo Sie konkret die Grenzen setzen, ob bei 10 oder 20 Prozent, bei 70 oder 90 Prozent, bleibt Ihnen überlassen. Aber:

Erfolgstipp

Beantworten Sie die Pareto-Frage niemals aus dem Bauch heraus!

Unsouveräne Vorgesetzte sagen uns immer wieder: «Ach was brauch ich da die Statistik? Ich kenne doch meine Pappenheimer!» Denen erwidern wir gerne: «Okay, dann schreiben Sie doch mal Ihre Top fünf auf einen Zettel.» Dann lassen wir uns die Statistik von der Personalabteilung ausdrucken und vergleichen: Es gibt einige Übereinstimmungen, aber noch viel mehr Überraschungen. Zu denen fragen wir den Vorgesetzten dann gern: «Der Herr … Was schätzen Sie, wie viel Tage er krank war?»

«Der ist doch alle Nase lang krank! Der war bestimmt schon sechs Wochen weg!»

«Hm, laut Statistik waren es genau 18 Tage.»

«Was? Zeigen Sie her! Hm. Wie kann das sein?»

Wie kann es sein, dass sich der eigene Chef derart in den Fehlzeiten irren kann? Ganz einfach: Der Bauch des Managers ist ein äußerst ungeeignetes Instrument zur Einschätzung von Fehlzeiten, weil sein Urteil stark vom Sympathiefaktor («Nasenfaktor» in der Sprache der Mitarbeiter) verzerrt wird.

Wir setzen noch eins oben drauf. Wir fragen auch immer: «Und, was schätzen Sie, wer sind Ihre Spitzenreiter bei den Fehlzeiten?» Auch darauf kommen Vorgesetzte selten mit hoher Trefferquote. Warum? Weil immer einige ihrer Lieblinge darunter sind. Und seine Lieblinge verdächtigt der Vorgesetzte natürlich zuletzt – ganz unbewusst, das ist die Crux. Das führt zu einem Zustand, der reinstes Dynamit fürs Arbeitsklima darstellt. Die Mitarbeiter merken das natürlich und reagieren mit Widerstandsverhalten, Demotivation, innerer Emigration, stiller Sabotage – und «krankheitsbedingten» Fehltagen.

Merke

Ungerechtigkeit ist ein hoch wirksamer Demotivator.

Als Vorgesetzter würde ich mich davor hüten, mich in den Verdacht der Vetternwirtschaft, Patronage und des Favoritentums zu bringen. Ihre Fehlzeiten-Analyse sollte nicht von Sympathiefaktoren verzerrt werden – dieser Ratschlag gilt übrigens für alle Analysen.

Schauen Sie sich das Umfeld an

Wenn Sie per Statistik Ihre am häufigsten abwesenden Mitarbeiter aufgelistet haben, gehen Sie den individuellen Fehlzeiten auf den Grund: Was war da los?

Ja, der eine hatte letztes Jahr seinen Fußbruch, der andere war auf Kur – lauter gute Gründe, die das Blaumachen schon mal ausschließen. Trotzdem:

Erfolgstipp

Reden Sie mit den häufig Fehlenden – auch wenn diese gute Gründe hatten!

Fragen Sie: «Geht's denn wieder? Alles gut ausgeheilt? Oder ist was geblieben, was Anschluss-Reha oder eine weitere Behandlung notwendig macht?» Erstens freut sich der Mitarbeiter, wenn er nicht wie eine Maschine behandelt wird und sich jemand um sein Wohlergehen kümmert. Kein vernünftiger Mitarbeiter wertet das übrigens als «Nachspionieren» (was viele Führungskräfte befürchten) – es sei denn, Sie fragen wie ein Geheimagent. Und zweitens erfahren Sie so, ob Sie mit weiteren Fehlzeiten rechnen müssen.

Klar auch: Wenn der Mitarbeiter bei diesem Gespräch den Eindruck bekommt, dass Sie krankheitsbedingte Fehlzeiten bestrafen oder Druck machen, reagiert er negativ (wird womöglich wieder krank vor lauter Frust und Druck).

Es fällt Ihnen aber schwer, Verständnis für Mitarbeiter zu zeigen, die immerhin für zwei Drittel der Fehlzeiten verantwortlich sind? Wie gut, dass Sie eine so souveräne Führungskraft sind. Souveränen Führungskräften nämlich gelingt das. Sie können beides: Ihre Leistungsziele und die Leistungsfähigkeit ihrer Mitarbeiter im Auge zu behalten. Gleichzeitig. Weil das eine souveräne Führungskraft ausmacht.

Was aber machen Sie mit den Mitarbeitern, die ohne triftige Gründe wie Beinbruch oder Kur häufig fehlen? Sie gehen ins Gespräch. Mit Checkliste.

Checkliste: Das Absentismus-Gespräch

- Richtig darauf einstimmen: Alle stillen Vorwürfe aus dem Kopf werfen.
- Gespräch direkt, offen und unbedingt vorwurfsfrei beginnen: «Die Statistik zeigt, dass Sie x Tage krank waren in den letzten … Monaten. Das liegt über dem Durchschnitt. Das tut dem Unternehmen weh. Deshalb möchte ich fragen: Was ist los?»
- Wenige Mitarbeiter reagieren patzig: «Das geht Sie gar nichts an!» Auch gut. Dann sagen Sie: «Okay, ich muss das nicht wissen. Wichtig ist allein, dass Sie wissen: Es fällt auf. Ich erwarte, dass das anders wird. Wenn Sie darüber reden möchten, werde ich Sie unterstützen.»
- Die meisten Mitarbeiter reagieren offen: Scheidung, Kinder krank, private Doppelbelastung, chronische Erkrankung … Wichtig: Machen Sie keine Laienberatung! Das können Sie nicht und das will der Mitarbeiter auch nicht! Er will lediglich Verständnis. Das geben Sie ihm.
- Untersuchen Sie auch, inwieweit der Arbeitsplatz zu den Fehlzeiten beigetragen haben könnte. Dazu gleich mehr.

Identifizieren Sie arbeitsplatzbedingte Risikofaktoren

Vor allem bei häufig erkrankten Menschen können Sie einiges darauf verwetten, dass es entweder ursächliche, auslösende oder verschlimmernde Faktoren am Arbeitsplatz gibt. Der Logistikleiter eines Mittelständlers zum Beispiel hatte den höchsten Absentismus im Unternehmen. Er tippte auf seine «Schreibdamen, die einmal im Monat garantiert fehlen aus den bekannten Gründen». Ist ja auch naheliegend. Auch für Sie? Worauf tippen Sie?

Tatsächlich lagen die administrativen MitarbeiterInnen bei 12 Tagen – die LagermitarbeiterInnen jedoch bei satten 25. Weil die «schwach Qualifizierten» gerne blaumachen? Nein, weil es im Lager zog wie Hechtsuppe. Seit eine Luftschleuse eingebaut, die Belüftung modernisiert und zwei Fenster ausgewechselt wurden, ist die Absenz im Lager auf 15 Tage runter. Und kein einziges Mitglied der Geschäftsleitung protestierte: «Wir haben kein Geld für neue Fenster im Lager!» Weil jeder der Manager rechnen kann.

Im Großteil der Fälle kann ein souveräner Vorgesetzter immer etwas gegen zu viele Fehltage machen.

Chronische Rücken- oder Nackenschmerzen? Ergonomischer Stuhl, Sitzball, Mini-Trampolin, Rückenkurse … Das kostet alles Peanuts im Vergleich zu den Kosten von Fehlzeiten! Warum wird das dann so wenig gemacht?

Wer ist schuld, wenn der Mitarbeiter krank wird?

Vieles. Aber sicher auch ein unsouveräner Vorgesetzter. Solange ein Mitarbeiter nämlich noch «funktioniert», hat ein Vorgesetzter Wichtigeres zu tun als Prophylaxe. Außerdem «ist das Geld nicht da». Nachlässige Vorgesetzte machen die Rechnung erst dann auf, wenn die Absenzkosten bereits entstanden sind, der Mitarbeiter fehlt, die Arbeit liegen bleibt, die Kunden stänkern und die Leistungsziele bedroht sind. Dabei ist die Rechnung einfach:

Prophylaxe hat einen fantastischen Return on Invest: Souveräne Führungskräfte können rechnen. Prophylaxe ist beileibe nicht (bloß) Humanismus oder reine Nächstenliebe: Sie rechnet sich. Wir können es aber auch ganz einfach formulieren, in den Worten eines sehr souveränen Mittelständlers:

Maschinen werden in dieser Hinsicht besser behandelt als Menschen. Da wird nach dem Grundsatz verfahren: Instandhaltung ist besser als Instandsetzung. Souveräne Führungskräfte behandeln Menschen mindestens genauso gut wie Maschinen.

Noch einmal: Das ist alles sonnenklar. Warum handeln dann unsouveräne Chefs selten danach? Weil Krankheit etwas Unangenehmes ist. Keiner redet gern darüber. Außerdem: «Ich will nicht meinen Mitarbeitern hinterherschnüffeln!» Das sollen Sie auch nicht!

Sie müssen nicht schnüffeln. Lassen Sie den Mitarbeiter lieber spüren: Es geht um dein Wohl und um das Wohl des Unternehmens. Lass uns über beides reden!

Ideal wäre natürlich, wenn Sie über die sprachliche Kompetenz eines echten Leaders verfügten und ganz offen, unbefangen und selbstironisch auch über heikle Themen reden könnten (das kann man übrigens trainieren; do it yourself oder in Coachings/Seminaren). Wie die Innendienstleiterin eines Pharma-Unternehmens, die zu einer chronisch Kranken sagte: «Sie müssen mir nicht erzählen, was genau Sie von der Arbeit abhält. Aber wenn es etwas ist wie mein Rücken – Gott, der bringt mich heute wieder um. Egal, was es ist, egal, ob wir drüber reden oder nicht: Es muss etwas passieren. So darf es nicht weitergehen. Sie mögen es nicht, wenn Sie krank sind, und ich auch nicht.»

Die Angesprochene reagierte sichtlich erleichtert: «Sie haben es auch im Kreuz?» Und schon tauschten sich die beiden aus, die Mitarbeiterin wechselte ihren Krankengymnast. Sie fehlt noch immer häufig – aber «nur» noch 18 statt 27 Tage.

Blaumacher anpacken

Es wird Ihnen ganz selten passieren, dass Ihnen ein echter Blaumacher unterkommt. Sie brauchen und sollten es ihm nicht auf den Kopf zusagen (weil Sie sich immer noch täuschen könnten – und dann schaden Sie sich selbst mit dem unbegründeten Verdacht). Es reicht schon völlig folgende klare Andeutung: «Ich weiß, was läuft. Ich dulde das nicht weiter.» Zu harmlos? Nein. Diesen Schuss vor den Bug brauchen viele, weil sie denken: «Wenn das keinem auffällt, dann stört das auch keinen.» Vielen reicht schon dieser Warnschuss, um auf den rechten Weg zurückzukehren. Wenn nicht?

Dann beauftragen Sie einen Detektiv, um Beweismaterial zu sammeln, sprechen Sie sich mit Ihrem Rechtsberater ab, damit die Kündigung arbeitsrechtlich wasserdicht wird. Aber wie gesagt: Das passiert äußerst selten. Unüberlegte Vorgesetzte denken es oft, doch die Wahrheit ist: Keiner feiert wirklich gerne blau.

Decken Sie Fehlzeitenmuster auf

Nehmen Sie sich wieder die Statistik vor: Gibt es verdächtige Muster? Manche sind zum Beispiel häufig montags oder freitags «krank», im Anschluss an den Jahresurlaub oder wenn ein Urlaub abgelehnt wurde, vor oder nach Messen, vor oder nach Spitzenzeiten.

Selbst wenn die Absenz nicht über dem Schnitt liegt: Bei auftretenden Mustern müssen Sie aktiv werden (nicht zuletzt, um Ihre Linie zu wahren).

Gehen Sie ins Gespräch, wie immer sachlich und direkt: «Sie haben in den letzten … Monaten …-mal an einem Montag gefehlt.» Sie dürfen ruhig deutlich werden: «Was ist denn das für eine Krankheit, die so gehäuft montags zuschlägt?» Sie dürfen ruhig zwischen den Zeilen durchblicken lassen, dass Sie das Muster durchschauen. Aber: Nicht zu bissig, sarkastisch oder komödiantisch dabei werden (sonst verwickelt Sie der Mitarbeiter in eine Ausreden-Orgie und das nützt Ihnen nichts)! Und: Immer schön vorwurfsfrei bleiben!

Tipp
Bewahren Sie sich trotz scheinbar offensichtlicher Datenlage einen schützenden Restzweifel!

Denn es kann tatsächlich sein, dass der «Montagsblaumacher» derart überfordert ist von seiner Arbeit, dass der Körper regelmäßig sonntagabends krank wird.

Absenzmuster können ein Hinweis auf ein Alkoholproblem sein. Sprechen Sie es offen an: «Mir fällt auf, dass Sie häufig … fehlen. Verzeihen Sie meine Offenheit, aber könnte es sich um ein Alkoholproblem handeln? Egal, was es ist, es muss sich ändern.»

Der Freizeitkicker ist jedes Mal Montag und Dienstag krank, wenn er auf dem Freizeitturnier am Wochenende eine aufs Schienbein gekriegt hat? Dito: «Ich treibe auch gerne Sport. Ich bin der Letzte, der Ihnen das verbietet – und ich möchte, dass sich etwas ändert. So geht es nicht weiter. Schlagen Sie mir etwas vor oder lassen Sie uns gemeinsam eine Lösung finden.»

Viele Mitarbeiter sind einfach überlastet – checken Sie auch diesen Absenzfaktor ab! Zum Beispiel so: «Wie gefällt Ihnen Ihre Arbeit derzeit? So schlimm? Was löst diese Überlastung aus?» Leute werden krank, wenn sie überlastet sind.

Durch eine Reorganisation der Workload und/oder der Prioritäten kann ein guter Vorgesetzter viel erreichen – ohne Aufgaben zu streichen oder Mitarbeiter zu schonen.

Wenn das nicht mehr hilft: «Wie wäre es, wenn Sie sich mittelfristig einen Job suchen, der weniger belastend ist? Auch hier im Haus?» Gewiss, das ist schlimm. Für Sie wie für ihn/sie. Doch: «Es muss sich was ändern. So geht das nicht weiter. Lassen Sie uns die Sache voranbringen. Das nützt uns beiden.»

Alle Register ziehen

- Mitarbeiterbefragung: Wie ist die Stimmungslage? Wenn sie schlecht ist, gehen die Fehlzeiten hoch. Fragen Sie ab: Wie zufrieden sind die Mitarbeiter mit ihrer Arbeit, vor allem: mit Ihrer (Führungs-)Arbeit? Natürlich anonym und am besten unter Leitung eines neutralen Externen, dem beide Parteien vertrauen. Ja, so eine Befragung kostet Mut – souveräne Führungskräfte bringen ihn auf. Denn sie wollen nicht führen, sie wollen souverän führen.

- Gesundheitsbericht der Krankenkassen. Ein Service, der statistisch Auskunft über die (anonymisierte!) Häufigkeitsverteilung von Diagnosegruppen gibt, geordnet nach Altersgruppen. Immer wieder für eine Überraschung gut: In vielen Unternehmen kommt nämlich heraus, dass es nicht die vielgescholtenen kränklichen Alten sind, die am häufigsten fehlen, sondern die 20- bis 30-Jährigen!

- Regelmäßige Betriebsbegehungen mit dem Werksarzt, mindestens einmal im Jahr: «Wie läuft's? Wie geht's Ihrem Kreuz bei dieser Arbeit? Zieht's hier nicht dauernd? Steht der Bildschirm nicht etwas ungeschickt?» Gar mancher Werksarzt muss dafür ein wenig auf Trab gebracht werden. Sagen Sie ihm, dass Sie die prophylaktischen Maßnahmen stärken möchten. Nehmen Sie ihn in die Pflicht.

Best Practice

Michael ist Fertigungsleiter bei einem Gerätebauer. Jeden Tag macht er Management by Walking around, fragt nach dem Fortgang der Arbeit – und nach Absenzfaktoren: «Was hat Ihnen heute denn schon die Stimmung verhagelt?» Er sagt: «Man sieht es einem Menschen an, wenn er krank wird – bevor er krank wird. Ich lasse doch keinen fünf Wochen lang an einem PC mit nicht entspiegeltem Bildschirm sitzen. Der ist nämlich in der sechsten Woche dann krank!»

Er hat zwei Abteilungssportgruppen gegründet, überall in der Werkshalle stehen Mini-Trampoline und Ergometer, eine Tischtennisplatte. Der Werksarzt schaut alle sechs Wochen vorbei und erzieht die Leute vor allem zu gesundem, ergonomischem Verhalten am Arbeitsplatz (und zu Hause). Michael verteilt regelmäßig frisches Obst für die Kaffeepausen, bezahlt das Mineralwasser für alle Mitarbeiter, führt eine Liste mit den besten Physiotherapeuten der Stadt, lädt hin und wieder Gesundheitsberater für Impulsreferate ein.

Michael führt souverän. Und wird belohnt. Er hat einen Absenzschnitt von sagenhaften acht Tagen – und muss einige seiner High Potentials hin und wieder nach Hause schicken, wenn diese trotz triefender Nase auf dem Shop Floor erscheinen. Denen gefällt's nämlich bei der Arbeit besser als zu Hause. Das ist die konsequente Weiterentwicklung der Fehlzeiten-Philosophie:

> **Tipp**
> Die Fehlzeiten-Philosophie ist: «Es muss sich was ändern!» Wenn Sie diese nur lang genug verfolgen, geht es nicht mehr darum, dass die Leute möglichst lange gesund bleiben. Es geht darum, dass die Mitarbeiter plötzlich einen Riesenspaß bei der Arbeit haben.

Wohlgemerkt, es heißt nicht: «Es muss sich was ändern – ich mache Ihnen so lange Druck, bis Sie weniger krank sind!» Warum funktioniert das nicht? Weil Druck nicht wundersam heilt. Druck macht krank. Druck ist das Hilfsmittel unsouveräner Manager. Deshalb lautet die Devise: «Es muss sich was ändern – und ich helfe Ihnen dabei (wenn Sie wollen)!»

Auf einen Blick: Souverän Absentismus abstellen

Reden Sie vorwurfsfrei und offen über Fehlzeiten, immer mit der Message: Das muss besser werden – lassen Sie uns darüber reden!

5. «Die streiten, statt zu arbeiten!»

Wofür bezahlen Sie Ihre Mitarbeiter? Dass die mitarbeiten! Und was tun die viel zu oft? Streiten. Wer streitet, arbeitet nicht (produktiv).

Passiert es Ihnen manchmal auch, dass Sie in ein Meeting gehen und statt Erfolge und Fortschritte hören Sie hauptsächlich Streitereien? Passiert es Ihnen auch, dass Sie auf gute Nachricht von Projekt X warten und wenn Sie nachfragen, winken alle ab, weil A und B sich nicht einig werden können über was auch immer? Ein Manager verriet uns mal: «Die ewigen Streitereien vernichten mehr Produktivität als Krankheitstage!»

Wer streitet, vernichtet Motivation und Leistungsbereitschaft. Kein Vorgesetzter kann sich streitende Mitarbeiter leisten. Am allerwenigsten kann er sich die Einstellung leisten: «Die kriegen sich schon wieder ein!» Denn das tun sie leider meist nicht.

Laut einer Studie der Proudfoot Consulting werden 37 Prozent der Arbeitszeit vergeudet – unter anderem mit unproduktiven Streitereien. Die meisten Führungskräfte reagieren darauf äußerst allergisch. «Wie im Kindergarten!» ist einer der häufigsten Kommentare, die wir hören.

Der Forschungsleiter eines Pharmaunternehmens formuliert es weniger freundlich: «Unser Umsatzbringer der nächsten zehn Jahre steht auf der Kippe, ich reiß mir hier einen aus, sehe vor lauter Überstunden kaum noch Frau und Kinder, und Müller und Schmitz streiten sich seit Tagen bei jeder Gelegenheit wegen fünf Minuten mehr Laborzeit, anstatt ihre Arbeit zu machen! Sind die völlig übergeschnappt? Bin ich hier der Einzige, der sich noch für unsere Ziele reinhängt?» Wie viel Produktivität vernichten Ihre Mitarbeiter, weil sie streiten, statt zu arbeiten? Wenn Sie die Antwort auf diese Frage kennen – Glückwunsch! Ohne Scherz: Sie bemerken den Produktivitätsverlust wenigstens. Viele Manager merken gar nicht, warum ihre Ziele gefährdet sind oder warum sie sich so schwertun, sie zu erreichen – obwohl sie sich voll engagieren: Die Mitarbeiter streiten, statt zu arbeiten.

Sie sind kein Feuerlöscher!

Wie reagieren Sie, wenn Mitarbeiter streiten, statt zu arbeiten? Sie gehen wahrscheinlich dazwischen und sprechen ein Machtwort. Die meisten Manager machen das so. Damit Ruhe einkehrt und wieder gearbeitet wird. Wird es das?

Häufigste Antwort auf diese Frage: «Ich muss ständig irgendwo schlichten! Das hört nie auf! Warum streiten die sich dauernd?» Weil dauernd geschlichtet wird.

Merke
Die Führungsfalle: Je häufiger Sie schlichten, desto häufiger müssen Sie schlichten.

Schlichten ist keine Lösung. Schlichten ist das Problem, das das Problem verschlimmert. Die häufigsten Ergebnisse konventioneller «Schlichtung» sind:
- Wenn Sie einem Streithahn Recht geben, ist der andere sauer und bricht den nächsten Streit vom Zaun: Schlichten provoziert den nächsten Streit.

- Wenn Sie keinem Recht geben und Ihre eigene Lösung durchsetzen, sind beide sauer – was neuen Streit provoziert.
- Wenn Sie keinem Recht geben, verbünden die Streithähne sich plötzlich – und streiten nun mit Ihnen!
- Wenn Sie ein Machtwort sprechen, akzeptieren die Mitarbeiter es zwar murrend, versuchen Ihnen dann aber durch widerwillige, halbherzige Ausführung zu beweisen, dass Ihre Lösung nicht funktioniert: «Haben wir ja gleich gesagt. Aber auf uns hört ja keiner!»
- In jedem Fall verhindern Sie, dass die Mitarbeiter lernen, selbst ihre Konflikte beizulegen – deshalb müssen Sie immer wieder eingreifen. Weil die Leute es nie lernen werden, so lange Sie eingreifen.

Es ist paradox: Je häufiger der Vorgesetzte «schlichtet», desto heftiger und häufiger streiten sich Mitarbeiter!

Das haben die meisten Führungskräfte auch schon bemerkt. Warum wird dann immer noch so viel geschlichtet?

- Weil man als Manager dafür verantwortlich ist, dass gearbeitet wird – nicht gestritten.
- Weil jeder Streit die Ziele bedroht und der Vorgesetzte letztendlich für die Ziele verantwortlich ist.
- Weil man dagegen doch was unternehmen muss! Schließlich wird man nicht fürs Zugucken bezahlt …
- Weil Manager glauben, ihrem Führungsanspruch nur dann gerecht zu werden, wenn sie den Feuerlöscher, Nothelfer, Wunderheiler, Regenmacher, Notarzt spielen.
- Weil Mitarbeiter extrem geschickt darin sind, Manager zum Eingreifen zu verführen.

Wenn zwei Mitarbeiter in Ihr Büro kommen und sich gegenseitig bezichtigen, dann ist die Versuchung riesengroß, sofort zu sagen: «Moment mal, so geht das doch nicht. Das müssen wir anders regeln. Nämlich ...» – und schon haben Sie mindestens einen provoziert, Ihnen zu widersprechen. Anstatt den Streit beizulegen, haben Sie ihn noch angefacht. Wie ist denn das passiert?

Lassen Sie sich nicht versklaven!

Streit unter Mitarbeitern hat eine entwürdigende Wirkung auf Führungskräfte. Die streitenden Mitarbeiter instrumentalisieren den Vorgesetzten. Sie machen ihn quasi zu ihrem Konfliktsklaven: «Sobald wir uns streiten, musst du alles andere stehen und liegen lassen und dich um unseren Konflikt kümmern. Sonst steht nämlich dein Laden still, und du erreichst deine Ziele nicht!» Klingt nach Erpressung: Wenn du nicht intervenierst, dann erreichst du deine Ziele nicht. Lässt er sich auf diese Erpressung ein, steckt der Vorgesetzte in der Falle. Wie kommen Sie raus aus der Falle?

Raus aus der Falle

Das Rezept ist im Grunde einfach: Wenn Mitarbeiter Sie dazu verführen wollen, ihren Streitfall für sie zu lösen – lehnen Sie ab! Denn:

Tipp

Wenn zwei Mitarbeiter sich streiten, dann müssen sie den Streit auch selber beilegen.

Ein neuer Werksleiter bei einem Konsumgüterhersteller sagte zu zwei Abteilungsleitern, die ein Meeting fünf Minuten lang mit ihren kindischen Streitereien aufhielten und ihn dann auch noch aufforderten, den Streit zu schlichten: «Ist nicht mein Problem. Ist Ihres. Es ist Ihr Streit. Also lösen Sie ihn.» War danach Ruhe? Keineswegs. Denn: Die beiden Abteilungsleiter sagten: «Aber das ist doch Ihre Aufgabe! Wenn wir uns einig werden könnten, wären wir es doch längst. Aber es ist unmöglich! Außerdem hat der alte Werksleiter solche Probleme immer gelöst!»

Darauf der neue Werksleiter: «Und? Sehen Sie den alten Werksleiter hier irgendwo? Sie halten das Meeting auf und verlangen noch von mir, Ihren Kram zu regeln! Ihr Streit ist Ihre Sache. Also tun Sie Ihre Arbeit. Heute noch. Ich erwarte von Ihnen beiden bis 17 Uhr eine einvernehmliche Lösung. Sonst werde ich ungemütlich. Und jetzt weiter in der Tagesordnung.»

Das finden Sie jetzt ein wenig hart? Ist es. Hart, aber wirksam – und extrem souverän. Nie wieder erlaubten sich Manager seither in den Meetings ihre beliebten kleinen Wortgefechte. Wenn Sie es lieber etwas weniger hart, aber genauso wirksam hätten, stellen Sie die Königsfrage.

Stellen Sie die Königsfrage

Der Vorstandsvorsitzende eines Anlagenbauers litt jahrelang unter dem Dauerstreit zwischen Vertrieb und Controlling. Jahrelang hatte er brav «geschlichtet» und dabei «graue Haare bekommen», wie er lakonisch bemerkt. Als er eines Tages wieder zehn Minuten seiner kostbaren Zeit verloren hatte, weil die beiden Streithähne eine Sitzung der Geschäftsleitung aufhielten, stellte er die Königsfrage.

 Tipp
Die Königsfrage: «Ich habe mir Ihr Problem nun angehört. Was gedenken Sie jetzt zu tun?»

Diese Frage ist total unscheinbar – aber hat durchschlagende Wirkung:
- Viele Streithähne lassen sich von ihr völlig überrumpeln und schalten vom Streitmodus wieder auf den Menschenverstand um.

- Wenn es sich um ein Sachproblem handelt, denken beide wieder sachlich und diskutieren nun Sachlösungen.
- Die Frage delegiert die Verantwortung für den Streit dahin zurück, wo sie hingehört.
- Fragen wirken besser als Anweisungen. Wenn Sie einen Mitarbeiter anweisen: «Lösen Sie Ihren Streit gefälligst selbst!», kann es zu Widerstand kommen. Wenn Sie ihn dagegen fragen, was er nun zu tun gedenkt, fängt er tatsächlich an, nachzudenken. Das ist die Suggestivkraft der Frage. Oder:

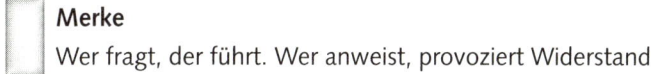

Merke
Wer fragt, der führt. Wer anweist, provoziert Widerstand.

Bleiben Sie hartnäckig!

Rechnen Sie stets damit, dass Streithähne sich mit Zähnen und Klauen gegen die Rückdelegation wehren.

Hartnäckige Streithähne werden wiederholt versuchen, die Rückdelegation abzulehnen: «Wieso sollen wir uns Gedanken machen? Das ist doch Ihre Aufgabe!» Was tun?

Auf keinen Fall ausrasten nach dem Motto: «Nun werden Sie mal nicht unverschämt, junger Mann!» Denn damit haben Sie sich doch in den Streit hineinziehen lassen – und das vernichtet am meisten Zeit, Nerven und Produktivität. Was ist besser?

Tipp
Bleiben Sie hartnäckig und freundlich bei Ihrer Rückdelegation.

Sie dürfen sogar geistreich sein. Die Geschäftsführerin eines Familienunternehmens sagte mal: «Es ist meine Aufgabe, Ihren Streit zu schlichten? Gut. Dann nehme ich mir die Freiheit, diese meine Aufgabe an Sie zu delegieren. Bitte übernehmen Sie den Auftrag.»

Wenn Sie sehen, dass Mitarbeiter schon so tief im Konflikt vergraben sind, dass sie trotz Ihrer Rückdelegation nicht mehr aus dem Loch kommen: Geben Sie ihnen Hausaufgaben auf.

Der Hausaufgaben-Trick

Wenn ein Streit besonders lange anhält oder heftig ist, geht es meist nicht mehr um die Sache. Der Streit ist längst persönlich geworden. Viele Führungskräfte tappen hier in die nächste Falle:

Tipp

Versuchen Sie nie, die persönliche Problematik eines Streits zu lösen. Sie sind kein Therapeut.

Selbst wenn Sie einer wären: Sie haben nicht die Zeit, sich die Lebensgeschichten und die persönlichen Empfindsamkeiten von Mitarbeitern in epischer Breite anzuhören. Das würde auch nichts bringen, nicht einmal den Mitarbeitern!

Wenn zwei Streithähne schon so emotional geworden sind, dass sie nicht mehr vernünftig miteinander reden können, sollten Sie nicht die Emotionen zu heilen versuchen – das funktioniert nicht. Es gibt wie immer eine einfachere Lösung: Holen Sie die Mitarbeiter aus dem emotionalen Strudel, indem Sie Ihnen eine sachliche Hausaufgabe geben.

Das kann eine indirekte Aufgabe sein, die nicht direkt auf die Lösung des Konflikts abzielt, zum Beispiel: «Ich möchte, dass Sie mir bis morgen alle Faktoren auflisten, die wir in der strittigen Angelegenheit bereits berücksichtigt haben, und auf einer zweiten Liste alle, die wir noch nicht berücksichtigt haben.» Das kann aber auch eine direkte Aufgabe sein: «Ich habe mir Ihr Problem angehört. Ich werde mir das durch den Kopf gehen lassen. Sie bitte auch. Morgen treffen wir uns wieder und jeder stellt seinen Lösungsvorschlag vor.» Warum funktioniert das? Aus zwei Gründen:

- Wenn Streithähne gezwungen werden, sich sachlich mit dem Streit zu beschäftigen, werden sie von der emotionalen Schlammschlacht abgelenkt. Der Hausaufgaben-Trick ist ein äußerst wirksamer, zugleich sanfter didaktischer Zwang, wieder von der Palme herunterzukommen.

- Mitarbeiter wollen mit einem Streit unbewusst oft nur eines: Aufmerksamkeit vom Vorgesetzten. Wer Hausaufgaben bekommt, bekommt diese Aufmerksamkeit und ist zufrieden.

Als wir den Hausaufgaben-Trick vor Jahren einführten, bekamen wir überraschende Rückmeldungen. Viele Führungskräfte berichteten begeistert: «Das funktioniert sogar mit meinen Kindern! Die stritten sich früher dauernd! Auch und gerade dann, wenn ich nach Feierabend mal meine Ruhe wollte. Seit ich Hausaufgaben gebe, bekomme ich tatsächlich regelmäßig meine Ruhe. Himmlisch.»

Merke
Reine Manager schlichten Streit. Souveräne Führungskräfte lassen schlichten. Nämlich die Streithähne selber.

Nicht Schiri, sondern Moderator

Manchmal ist die Sache derart verfahren, dass scheinbar gar nichts mehr hilft. Keine Königsfrage, keine Hausaufgaben. Oft geschieht das dann, wenn Streithähne überhaupt nicht mehr miteinander reden können. Was dann? Dann nehmen Sie das Problem als Lösung: Wenn zwei nicht mehr miteinander reden können, lassen Sie sie mit Ihnen reden.

Das heißt: Reden Sie unter sechs Augen über das Problem. Aber bitte wieder dran denken:

Tipp
Lösen Sie nicht! Lassen Sie lösen!

Also sagen Sie nicht: «Mensch, das müssen Sie so und so machen!» Sondern: «Wer von Ihnen möchte anfangen?» Wenn es engagierte Streithähne sind, streiten sie sich selbst darüber noch! Dann tricksen Sie: «Ich schlage vor, es fängt derjenige an, der mehr Problemdruck hat.» Hilft auch das nicht, hilft dies immer: «Ich sehe, Sie werden sich nicht einig. Macht nichts. Dann sorge ich dafür, dass jeder exakt dieselbe Zeit für seine Problemdarstellung bekommt – dann ist egal, wer anfängt. Also: Jeder zwei Minuten, Sie fangen bitte an.» Aber dann ist doch der benachteiligt, der anfängt! Weil der andere jedes seiner Argumente angreifen wird! Na und?

> **Tipp**
>
> Das Wichtigste bei der Konfliktintervention ist, dass Sie den Streithähnen Ihre Rolle unmissverständlich klarmachen: «Ich bin nicht euer Schiri, sondern euer Moderator. Ich löse nicht – ich helfe euch, selber zu lösen.»

Sie als Moderator werden nicht entscheiden, ob der Sturz im Strafraum ein Elfer oder eine Schwalbe war. Sie werden lediglich beiden Spielern dabei helfen, selbst eine Lösung zu finden. Diese Rolle ist schwierig, aber äußerst wirksam, wie wir an zwei Praxisbeispielen sehen werden.

> **Beispiel 1**
>
> Streithahn 1: «Der Vertrieb hat uns den Auftrag viel zu spät reingereicht.»
>
> Vorgesetzter als Schiri: «Sie hatten zwei ganze Tage! Das muss reichen!»
>
> Streithahn 2: «Ja, genau, sage ich auch immer!»
>
> Weiterer Streitverlauf: Emotionale Eskalation, weil Streithahn 1 zurückschlägt.

Beispiel 2

Streithahn 1: «Der Vertrieb hat uns den Auftrag viel zu spät reingereicht.»

Vorgesetzter als Moderator: «Danke für Ihre Problemdarstellung. Jetzt möchte ich gerne von Ihnen hören, wie Sie die Sache sehen.»

Streithahn 2: «Wir konnten den Auftrag nicht früher weitergeben, weil der Kunde nach Erteilung noch Dutzende Änderungen wollte!»

Weiterer Streitverlauf: Zwar angeregte, aber größtenteils sachliche Diskussion über die interne Regelung der Fristen zur Auftragsweiterleitung.

Hört sich gut an? Wie überstehen Sie mit dieser Methode ein komplettes Streitgespräch? Indem Sie tanzen.

Die Foxtrott-Methode

1. Schritt: Machen Sie Ihre Rolle klar!

Machen Sie den beiden Streithähnen klar, dass Sie den Streit nicht lösen werden. Sie werden ihnen vielmehr helfen, ihn selbst beizulegen. Zu dieser Rollendefinition gehört: Die Kontrahenten müssen mit Ihnen sprechen! Wenn einer der beiden den anderen direkt angeht, beleidigt, dann maßregeln Sie ihn: «Erzählen Sie das mir, nicht ihm. Er weiß das ja schon!» Schärfer: «Wenn Sie beide direkt miteinander reden wollen, bitte schön, dann ziehe ich mich jetzt zurück.» Diese Drohung zieht immer, da die beiden Sie ja unbedingt beim Streit dabeihaben wollen.

Wenn zwei nicht mehr miteinander reden können, dann sollen sie es auch nicht. Dann sollen sie mit Ihnen reden.

2. Schritt: Lassen Sie abwechselnd zu Wort kommen!

Lassen Sie beide ihr Eingangsstatement abgeben. Danach fragen Sie den Ersten: «Sie haben mir Ihre Sicht erklärt, der Kollege hat dasselbe getan – was sagen Sie jetzt zu der Angelegenheit?»

Damit geben Sie beiden keinerlei Gelegenheit, sich wieder in die Wolle zu kriegen – weil sie nicht miteinander reden dürfen; nur mit Ihnen. Großer Fortschritt: Die beiden reden wieder miteinander, zwar über Sie als Vermittler, aber immerhin.

3. Schritt: Stellen Sie die Wunschfrage!

Wenn jeder sich genug über den Streitgegenstand ausgelassen hat – was beim Konflikt-Foxtrott relativ schnell der Fall ist – dann fragen Sie jeden: «Und was wünschen Sie sich jetzt von Ihrem Kollegen?»

Ganz einfach nur das. Nicht mehr. Die Frage hat eine verblüffende Wirkung. Denn bislang waren beide derart damit beschäftigt, den anderen anzuschwärzen, dass sie an eine Lösung des Problems gar nicht mehr gedacht haben. Genau das ist das Problem an Dauerstreits: Alle denken nur noch ans Streiten, schon lange nicht mehr ans Lösen. Die Wunschfrage bringt Streithähne auf sanftmöglichste Weise aus ihrer Problemtrance heraus.

4. Schritt: Stellen Sie die Umsetzungsfrage!

«Was könnte ein erster Schritt in Richtung auf die Lösung für Sie sein und was müssten Sie dafür bekommen?»

Eine einfache Frage mit Doppelwirkung: Ohne die Frage nach dem ersten Schritt macht keiner den ersten Schritt. Und ohne die Frage nach der Belohnung dafür macht ihn erst recht keiner. Gemacht wird, was belohnt wird. Manchmal müssen Sie zu große erste Schritte moderierend verkleinern und überzogene Belohnungserwartungen relativieren. Doch das schaffen Sie. Leichter jedenfalls, als zwei unmoderierte Streithähne zu ertragen.

Ratschläge für Macher

Der große Vorteil des Konflikt-Foxtrotts: Man muss nicht in der Psychosuppe herumrühren, um einen Konflikt beizulegen. Sie müssen weder die Kindheit der Kontrahenten analysieren noch dabei zuhören, wie beide sich beschuldigen, schon seit Jahren … und immer schon … und überhaupt … Die ganze leidige Vorgeschichte und die komplizierte Emotionalität werden einfach weggelassen: Schwamm drüber.

Doch Vorsicht! Trotz Foxtrott werden die Kontrahenten ständig versuchen, Sie in die Richterrolle zurückzudrängen!

Im Seminar sagen Manager dazu meist: «Ich weiß, dass ich unbedingt in der Moderatorenrolle bleiben muss. Die schaffen das nicht, mich davon abzubringen!» Dann machen wir ein Rollenspiel, einer der Teilnehmer spielt den Streithahn – und schon nach dreißig Sekunden sagt der gespielte Vorgesetzte gar nicht so gespielt zu einer unüberlegten Äußerung des gespielten Mitarbeiters: «Nun seien Sie doch mal vernünftig!» Autsch. Das ist Richterjargon. Daraufhin wird der Streit eskalieren, weil der Streithahn jetzt mit dem Richter streitet, sich rechtfertigt, Recht haben will.

Die Gefahr besteht also darin, dass Ihr «Führungsinstinkt» Sie permanent dazu verleiten wird, wieder in die Richterrolle zurückzurutschen.

Das wird Ihnen nicht passieren? Dann fällt es Ihnen sicher leicht, den gespielten Vorgesetzten zu korrigieren: Was wäre die korrekte Erwiderung auf eine unüberlegte Kontrahentenäußerung?

Richtig, ungefähr Folgendes: «Ah, interessant, und (zum anderen Kontrahenten gewandt) was sagen Sie dazu?»

> **Tipp**
> Nehmen Sie nicht Stellung! Lassen Sie die Kontrahenten Stellung nehmen!

Nehmen Sie selbst dann nicht Stellung, wenn Sie es tausendmal besser wissen und der Streithahn wirklich dummes Zeug redet. Das ist hart, aber nicht so hart, wie unter unmoderierten Streitfällen zu leiden.

Manchmal müssen Sie die Foxtrott-Schrittfolge – wie beim richtigen Tanz – ein paar Mal hintereinander durchtanzen, weil einer der Kontrahenten wieder in eine frühere Schrittphase zurückrutscht. Das ist nicht schlimm. Bei nur vier Schritten behalten Sie immer den Überblick. Und außerdem: Irgendwann ist der vierte Schritt dann doch der letzte. Wann? Wesentlich schneller als bei unmoderierten Konflikten.

Auf einen Blick: Souverän Konflikte beilegen

Hören Sie auf, in Konflikten den Feuerlöscher zu spielen. Lösen Sie Konflikte nicht, lassen Sie sie lösen. Von den Streithähnen selber. Spielen Sie nicht Schiri, sondern Moderator.

> *«Dann mach ich's doch lieber gleich selber.»*
> Üblicher Kommentar zum Thema Delegation

6. «Wollen die nicht oder können die nicht?»

Mitarbeiter sind dazu da, das zu tun, was Sie anweisen. Sollte man meinen. Die Praxis sieht anders aus, wie uns Führungskräfte lebhaft, wütend, gestresst, frustriert oder desillusioniert berichten:

- «Es wird zwar gemacht, was ich anweise, aber viel zu oft nur halbherzig und fehlerhaft.»
- «Die machen schon – aber selten in meinem Sinne.»
- «Die wichtigen Dinge muss ich selber erledigen.»
- «Gemacht und richtig gemacht ist ein Unterschied.»

Wenn Mitarbeiter sich mal wieder besonders passiv und lustlos anstellen, hat sich wohl jede Führungskraft schon gefragt: Wollen die nicht oder können die nicht? Manager werden oft richtig wütend, wenn in Führungsseminaren das Thema «Delegation» angesprochen wird. Sie trauen sich zwar nicht, im Seminar «auszupacken». Doch uns haben beim zweiten Pils viele schon gestanden: «Delegation? Funktioniert in der Praxis nicht gut. Nicht mit meinen Mitarbeitern. Die wirklich wichtigen Sachen muss ich selber machen.»

Ist der heutige Mitarbeiter delegationsunfähig? Warum machen Mitarbeiter das, was sie machen sollen, nicht so, wie sie es machen sollen?

Diese Frage können Sie stellen, bis die Hölle zufriert: Sie bringt nichts. Folgende Frage bringt mehr:

Tipp

Fragen Sie sich: Was habe ich dem Mitarbeiter denn delegiert, dass er so überaus demotiviert arbeitet?

Wenn Sie hören könnten, was Mitarbeiter unter sich reden, dann hätten Sie ein Aha-Erlebnis. Uns erzählen sie oft und offen: «Unser Boss pickt sich die Rosinen aus dem Kuchen, und uns delegiert er die Drecksarbeit!» Aber dafür sind Mitarbeiter doch wohl da? Nicht aus Sicht der Mitarbeiter. Die reagieren auf «Drecksarbeit» reflexhaft und unwillkürlich mit Unlust, Passivität und Leistungsverweigerung.

Wir erinnern uns an einen Verkaufsleiter, für den es selbstverständlich war, dass er und er allein die A-Renommierkunden besuchen musste/durfte. Während er diese besuchte, fuhren zwei Drittel seiner Verkäufer seine Kundenbasis sauer. Als er wegen eines Großprojektes die Hälfte seiner Prestigekunden kurzfristig abgeben musste, gingen die Kundenbeschwerden von einem Monat auf den anderen um 60 Prozent zurück.

Damit nähern wir uns dem Kern des Problems:

Tipp

Damit Mitarbeiter das, was sie tun müssen, voll motiviert tun (können), fragen Sie sich: Was soll ich überhaupt delegieren?

Es reicht nicht, das «wegzudrücken», was Ihnen nicht in den Kram passt. Das geht kurzfristig gut und langfristig schief, weil es die Motivation (der Mitarbeiter!) zerstört. Natürlich: Hin und wieder muss der Mitarbeiter auch (aus seiner Sicht) «Blödjobs» übernehmen. Das ist auch kein Problem, solange das Maß dabei gewahrt wird. Wird das Maß überschritten, merken Sie es auch: Der Mitarbeiter verweigert sich zusehends.

Die zentrale Frage ist also: Was sollten Sie delegieren? Eine Frage, die Manager arg in Verlegenheit bringt.

Was sollten Sie delegieren?

Dass Manager so oft überlastet und ihre Mitarbeiter frustriert sind, liegt auch daran, dass Manager tendenziell zu viel selber machen. Wir erinnern uns an einen Bereichsleiter, der eigenhändig die Exponate in seinem Büro mit einem spiritusgetränkten Lappen putzte – ausgiebig. Natürlich brauchen wir alle solche Regenerationsphasen. Doch wird ein gewisses Maß überschritten, fragt sich irgendwann die Geschäftsleitung (und die Mitarbeiter!), was Sie sich jetzt schon fragen sollten:

Würden Sie sich für das, was Sie gerade tun, Ihren eigenen Stundensatz bezahlen?

Der erwähnte Bereichsleiter erledigte die Arbeit einer Putzfrau – für einen Stundensatz von 150 Euro. Als der Finanzvorstand das hörte, konnte man seinen cholerischen Ausbruch bis hinunter an die Rampe hören. Fortan hieß der Bereichsleiter nur noch «Der Putzer». Die Leute witzelten: «Für diesen Stundensatz hätte man die Exponate auch vergolden können!» Sogar die Putzfrauen machten sich über ihn lustig (hinter seinem Rücken). Daher:

Tipp

Delegieren Sie konsequent alles, was Ihres Stundensatzes nicht würdig ist!

Schon allein um Ihre Karriere und Ihr Ansehen zu schützen. Einmal ganz davon abgesehen, dass es Ihre Mitarbeiter ungemein motiviert, wenn sie zur Abwechslung mal «richtig anspruchsvolle» Aufgaben delegiert bekommen. Zeigen Sie aber auch hin und wieder, dass sie sich für die unangenehmen Aufgaben nicht zu schade sind.

Das ist das Problem, aus Ihrer Perspektive betrachtet. Jetzt wechseln wir den Blickwinkel.

Tipp

Fragen Sie, was der Mitarbeiter machen möchte!

Mitarbeiter reißen sich für jede Delegation ein Bein aus – wenn sie sich die Aufgabe aussuchen dürfen. Im Führungsjargon heißt das:

- *Job Enrichment:* Delegieren Sie dem Mitarbeiter neben Routinetätigkeiten hin und wieder auch Aufgaben seiner Wahl, die höherwertiger sind als das, was er bisher macht. Lassen Sie zum Beispiel einen Einkäufer, der bislang nur Konditionen aushandelte, auch mal eine Warengruppenstrategie konzipieren – wenn er das möchte und Sie die Aufgabe zu vergeben haben (wenn nicht, schaffen Sie solche Aufgaben, denn Personalentwicklung steht in Ihrem Arbeitsvertrag).

- *Job Enlargement:* Delegieren Sie dem Mitarbeiter Aufgaben seiner Wahl, die sein bisheriges Aufgabenspektrum verbreitern. Lassen Sie zum Beispiel einen Einkäufer, der bislang lediglich Marketing-Services einkaufte, auch mal Beratungsleistungen einkaufen.

Beides führt nicht nur dazu, dass ein Mitarbeiter eine Aufgabe motiviert übernimmt und ausführt. Es führt auch dazu, dass sein Aufgabengebiet und seine Einsatzfähigkeit wachsen. Fragen Sie also für Job Enrichment und Enlargement immer den Mitarbeiter: «Was möchten Sie machen? Worauf haben Sie Lust?»

Sie werden dabei ein seltsam erfreuliches Phänomen beobachten: Obwohl der Mitarbeiter nach eigenem Bekunden «bis obenhin zu» ist, wird er für diese Aufgaben immer Zeit und Motivation finden und gute Arbeit leisten. Weil er ihre Auswahl mitbestimmen durfte.

Fragen Sie sich bei den Aufgaben, die Sie dem Mitarbeiter anbieten, auch immer: In welche Richtung möchte ich ihn entwickeln?

Trotz all dem, was Sie jetzt gelesen haben, zeigen die meisten Delegationen in der Praxis jedoch immer noch unbefriedigende Ergebnisse. Weil die Mitarbeiter begriffsstutzig sind? Nein, weil dem Vorgesetzten die Tools fehlen. Rüsten wir deshalb Ihre Tool Box auf.

Richtig delegieren: Das Handwerkszeug

* Sagen Sie dem Mitarbeiter, was er machen soll, möglichst mit klar umrissenen, quantitativen Zielen.
  Häufigster Fehler: Die meisten Delegationen sind «glasklar» – aus Sicht des Vorgesetzten. Der Mitarbeiter aber fragt sich: Was genau soll ich nun tun? Er redet immer so abstrakt – was will er konkret erledigt haben? Warum fragen Mitarbeiter dann nicht nach? Weil sie sich nicht trauen. Außerdem ist das nicht unbedingt ihre Aufgabe. Es ist Aufgabe des Vorgesetzten, richtig zu delegieren.
* Wenn der Mitarbeiter neu ist oder unsicher oder wenn es Ihnen besonders wichtig ist, sagen Sie ihm auch, wie er es machen soll. Merke: Fitte Leute vertragen weniger Orientierung. Denen (und nur denen) sollten Sie das berühmte «Machen Sie mal!» zurufen.
  Häufigster Fehler: Ungeübte Vorgesetzte gängeln gute Mitarbeiter zu sehr und lassen weniger fitte Mitarbeiter orientierungslos im Regen stehen.
* Vergewissern Sie sich, dass der Mitarbeiter Sie verstanden hat. Das wird so gut wie nie gemacht, weil Vorgesetzte meist nicht

wissen: Sprache ist der erste Schritt zum Missverständnis. Neun von zehn Vorgesetzten sagen uns: «Meine Leute wissen schon, was ich erwarte.» Fragen wir dann die Leute, wissen es neun von zehn eben nicht. Deshalb heißt es auch: Wer fragt, der führt. Fragen Sie, was beim Mitarbeiter von Ihrem Auftrag angekommen ist.

- Fragen Sie, bis wann der Mitarbeiter liefern kann, verhandeln Sie gegebenenfalls mit ihm darüber und vereinbaren Sie den Liefertermin im Sinne eines Vertrages.

  Vereinbaren Sie auch nachdrücklich: «Ich möchte, dass Sie sich melden, wenn Sie fertig sind. Ebenso möchte ich, dass Sie von sich aus zu mir kommen, sobald der Endtermin bedroht ist. Wenn ich nichts von Ihnen höre, gehe ich davon aus, dass alles glatt läuft.»

  Die meisten Vorgesetzten, die es erst erfahren, wenn das Kind im Brunnen liegt, haben diese Regelung nie getroffen oder praktizieren «Kill the Messenger», was jede rechtzeitige Rückmeldung be-/verhindert.

- Vereinbaren Sie Meilensteintermine bei großen, langfristigen oder wichtigen Aufgaben oder wenn Sie oder der Mitarbeiter sich unsicher fühlen.

Was tun, wenn es der Mitarbeiter trotzdem nicht richtig macht?

Prüfen Sie nach: Macht er es falsch – oder einfach nur anders, als Sie es machen würden?

Zur Delegationskompetenz eines Managers gehört auch, dass er es aushält, wenn der Mitarbeiter es anders macht.

Anders muss nicht schlechter sein. Selbst wenn sich seine Vorgehensweise nach gewissenhafter Prüfung als tatsächlich schlechter herausstellt, ist die Lösung einfach:

Wenn der Mitarbeiter es nicht anders, sondern schlechter macht, bringen Sie ihm eben bei, wie er es besser macht, damit es beim nächsten Mal besser läuft. Warum sollten Sie das? Weil:

Das heißt: Dafür, dass Mitarbeiter irgendwann eine Aufgabe so gut wie Sie erledigen können, müssen Sie etwas tun! Sie müssen den Mitarbeiter entwickeln. Das ist mühsam, das wissen wir. Aber das lohnt sich immens: Hat der Mitarbeiter es endlich «geschnallt», werden Sie spürbar entlastet.

Wenn der Mitarbeiter nicht dazulernen will, jammern Sie nicht (wie es viele Manager tun), sondern: Führen Sie das angezeigte Kritikgespräch, das jeder gute Vorgesetzte in der Tool Box hat.

Was, wenn der Mitarbeiter es nicht schafft?

«Tut mir leid, ich habe es nicht geschafft, ich hatte noch so viel anderes zu tun!» Kennen wir alle. Aber Vorsicht:

Was der Mitarbeiter wie ein Versagen darstellt, ist meist eine kalte Rückdelegation! Und dafür gilt generell: Fallen Sie nicht auf Rückdelegationen herein!

Das untergräbt Ihre Autorität schlimmer als die dickste Fehlentscheidung. Aber: Mitarbeiter rückdelegieren nie bösartig, sondern immer nur, weil sie gelernt haben: «Das muss ich nicht machen, das übernimmt der Chef für uns.» Das muss man ausnutzen, so einen guten Chef kriegt man ja selten.

Tipp

Die eleganteste Art, Rückdelegation abzuwehren, ist die Frage (weil sie am besten wirkt): «Was erwarten Sie jetzt von mir?»

Aber bitte niemals vorwurfsvoll, ablehnend oder zynisch fragen, sondern immer ehrlich, offen und freundlich. Die Frage wirkt so zuverlässig, weil der Mitarbeiter zu denken beginnt: «Ich kann dem Chef schlecht sagen, dass er etwas tun soll, was eigentlich meine Aufgabe ist.» Sehr gute Fragen sind ebenfalls:

- «Was haben Sie denn bislang unternommen?»
- «Was davon hat nicht funktioniert? Was könnte in veränderter Form funktionieren?»
- «Was könnten Sie noch unternehmen?»
- «Wen können Sie fragen, der ein ähnliches Problem hatte?»
- «Wo könnten Sie nachschlagen?»

Fitte Mitarbeiter verstehen den Wink mit dem Zaunpfahl und entwickeln daraufhin eigene Ideen. Weisungshörige Mitarbeiter reagieren allergisch darauf, weil sie den Chef für einen Übervater halten, von dem sie Antworten und keine Fragen erwarten. Denen helfen Sie folgendermaßen: «Erwarten Sie von mir jetzt eine Idee, wie Sie weitermachen könnten?» Damit erreichen Sie beides: Zum einen, dass der Mitarbeiter nicht seinen Kollegen erzählt: «Der lässt mich hängen und stellt bloß dumme Fragen.» Zum anderen, dass der Mitarbeiter nicht rückdelegiert, nicht Ihnen die ganze Arbeit an den Hals hängt, sondern die von Ihnen entwickelte Idee dann auch ausführt.

Best Practice

Der Einkaufsleiter eines süddeutschen Mittelständlers bekam das Großprojekt, seinen Einkauf zum Supply Management weiterzuentwickeln. «Unmöglich», sagte er. «Ich habe jetzt schon viel zu viel Arbeit.» Da er nicht noch mehr Überstunden machen konnte, nahm er sich endlich die Zeit, genau jene Überlegungen zur Delegation anzustellen, die Sie eben gelesen haben.

Resultat: Er konnte 50 Prozent seiner operativen Aufgaben delegieren und damit die nötige Zeit für den strategischen Wandel freimachen. Probleme dabei? «Erhebliche», sagt er. «Am problematischsten war, bis ich mich endlich überwinden konnte, auch wichtige Arbeiten zu delegieren.»

Schon im ersten Jahr konnte er durch die Umstellung auf Supply Management rund 30 Prozent Kostensenkung in vielen Artikelgruppen erzielen – mit dem üblichen Lieferanten-Squeezing wären es maximal 10 Prozent geworden. Das liegt auch daran, dass die Motivation seiner guten Einkäufer «um 100 Prozent gestiegen ist», wie er sagt. Die fühlen sich jetzt alle ein wenig wie Chefs, weil sie nun viele Aufgaben erledigen, die früher nur der Chef ausführen durfte.

Auf einen Blick: Souverän delegieren
Delegieren Sie neben Routine auch das, was die Mitarbeiter bereichert – und es wird Sie bereichern.

7. «Wir müssen besser werden!»

Seien wir ehrlich: Viele Mitarbeiter sind nicht gut genug. Nicht gut genug, um Ihre Ziele zu erreichen. Was also tun? Ab aufs Seminar mit ihnen: «Trainer, mach meine Leute besser!» Funktioniert das? Wir kennen keinen, der das (nach einem Seminar noch) behaupten würde. Nein, Manager behaupten eher:

- «Der Meier war schon auf zig Verkaufsseminaren und ist immer noch abschlussschwach!»
- «Seminare sind rausgeschmissenes Geld!»
- «Die Trainer taugen alle nichts!»
- «Bei diesen Mitarbeitern ist Hopfen und Malz verloren!»
- «Die Trainings sind zu wenig an der Praxis orientiert.»

Es liegt also an den ineffektiven Seminaren, Trainern und Mitarbeitern, dass Ihr Team nicht besser wird. Ja?

Besser werden: So geht's

Nun sind wir ja selber Trainer. Doch darauf, was mit Trainings grundlegend falsch läuft, kamen wir vor etlichen Jahren in aller Schärfe erst auf dem Tennisplatz. «Was willst du bei mir lernen?», fragt der Tennislehrer seinen Schützling in der ersten Stunde. Meist sagt der Novize etwas wie: «Einen richtigen Rums-Aufschlag. Eine knallige Rückhand – meine landet zu oft im Netz. Und ich möchte volley punkten können – die Volleys haue ich nämlich fast immer ins Aus.» Wenn der Tennislehrer gut ist, fragt er den Schüler: «Kennst du ein paar Weltklassespieler? Was hatten die für Schläge drauf?» Tja, die Sportliebhaber unter uns werden sich an Boris erinnern, Boris mit seiner krachenden Rückhand. Lendl mit seinem unnachahmlichen Linienspiel. Sampras mit seiner wuchtigen Vorhand.

«Siehst du», sagt der weise Tennislehrer. «Was du eben aufgezählt hast, waren deren starke Schläge. Mit denen haben sie Turniere gewonnen. Was du mir vorher genannt hast, waren deine schwachen Schläge. Und die wolltest du alle verbessern. Ich möchte anders mit dir arbeiten. Ich möchte deinen starken Schlag noch stärker machen. Denn damit kannst du ein Spiel entscheiden. Und für deine schwachen Schläge lautet das Ziel: den Ball damit im Spiel halten, aber nicht damit den Winner schlagen, den Punkt holen wollen. Denn das wäre ziemlich unsinnig, wenn du das ausgerechnet mit deinem schwachen Schlag versuchen würdest.»

Fürs Tennis haben die Spielstatistiker dieses Erfolgsrezept übrigens jenseits jeden Zweifels nachgewiesen: Die starken Schläge gewinnen das Spiel. Das weiß übrigens auch jeder Fußballtrainer: Man trainiert nicht den schwachen Fuß des Stürmers! Man trainiert den starken, damit er damit noch mehr Tore schießt. «Den schwachen trainiert man nur so weit, dass der Stürmer nicht darüber stolpert», wie der unsterbliche Sepp Herberger mal gesagt hat. Wie also lautet das Erfolgsrezept der Personalentwicklung (so heißt das nämlich, worüber wir gerade reden)? Es heißt:

Tipp
Trainieren Sie den Leuten nicht ihre Schwächen ab! Trainieren Sie deren Stärken!

Klingt einleuchtend? Warum wird dann das Gegenteil gemacht?

Bad Practice: Manager

Hartwig, Chef-Akquisiteur eines Anlagenbauers, ist ein begnadeter Vertriebsingenieur, der «jeden Kunden rumkriegt». Das Problem ist nur: Seit seinem allerersten Verkaufsgespräch macht er eine absolut unterirdische Bedarfsklärung. Er kriegt zwar (fast) immer den Auftrag, doch danach weiß keiner so recht, was der Kunde eigentlich bestellt hat – am allerwenigsten der Kunde. Folge: totales Durcheinander in der Fertigung, wenn der Kunde mittendrin mitbekommt, dass etwas gefertigt wird, was er nie wollte. Das kostet Geld, Zeit, Nerven – und Kundentreue! Hartwig war schon auf einem Dutzend Trainings.

Macht er deshalb eine bessere Bedarfsanalyse? Liebe Leserin, lieber Leser, Sie ahnen die Antwort.

Was muss der Chef von Hartwig denn noch tun, damit Hartwig es endlich kapiert? Das fragen Sie sich auch oft, wenn Sie Ihre Leuchten anschauen? Wir halten das für die falsche Frage.

> **Merke**
> Die falsche Frage ist: Wie treibe ich meinen Leuten ihre Schwächen aus?
> Die richtige Frage ist: Wie stärke ich ihre Stärken?

Seit Hartwigs Chef die richtige Frage gestellt hat, schickt er seinen Chef-Akquisiteur nicht mehr auf Seminare zur Verbesserung seiner Bedarfsanalyse.

Im Gegenteil: Er befreit ihn davon. Die Bedarfsanalyse macht jetzt im Nachgang nach der Akquise größtenteils ein Jungingenieur. Es kostet zwar, zwei Leute auf einen Auftrag anzusetzen. Doch in der Zeit, die Hartwig für die Bedarfsanalyse spart, schafft er pro Monat nochmals fünf Kunden ran.

Dabei holt er die Zusatzkosten für den zweiten Mann nicht nur herein. Nein! Er holt weitaus mehr herein, als der Jungingenieur an Mannstunden kostet. Noch einmal:

Machen Sie diese noch stärker! Und kriegen Sie die Schwächen
ohne viel Aufwand anderweitig in den Griff. Hört sich logisch an?
Erzählen Sie das mal Ihren Trainern!

Bad Practice: Trainer

Unter Trainern gibt es reichlich Narzissten. Sie zeigen ihren Teilneh-
mern erst mal, was sie alles falsch machen. Damit sie sich dann
umso steiler profilieren können: «Und jetzt zeige ich Ihnen mal, wie
das richtig gemacht wird!» Wie schön für den Trainer.

Der Teilnehmer geht danach schwer beeindruckt aus der Lehr-
stunde, hat viele Erkenntnisse gewonnen, wie er besser werden
könnte, wird es aber nicht, weil er sich leider dabei auf seine Schwächen konzentriert. Unglücklicherweise verstärkt der messianische
Selbstdarstellungsethos vieler Trainer diese Tendenz zur unfreiwilli-
gen Firmensabotage.

Sie agieren nicht ressourcenorientiert: Sie setzen nicht an dem
an, was der Mitarbeiter schon gut kann. Sie versuchen, um einen
bösen Personalentwicklerspruch zu benutzen, einer Kuh das Kla-
vierspielen beizubringen. Dabei kommt nix heraus. Das kostet lediglich viel Geld – und hält die Kuh vom Milchgeben ab. Der Over-
kill tritt dann ein, wenn der Mitarbeiter es nach dem Seminar immer
noch nicht kann (der Regelfall) und daraufhin irgendein Schlau-
meier (meist der Vorgesetzte) sagt: «Dann musst du halt auf noch
ein Seminar!» Mehr desselben.

Sie kostet viel Zeit, Geld und Energie – und bringt nichts. Daher widmen wir uns der viel wichtigeren Frage:

Wie können Sie die Stärken Ihrer Mitarbeiter stärken?

Wenn wir diese Fragen stellen, herrscht erst mal verblüfftes Schweigen im Seminarsaal: Keine(r) weiß das auf Anhieb. Jede(r) weiß zwar nur zu gut und aus dem Stehgreif, was der Mitarbeiter alles falsch macht. Doch wo seine erfolgsrelevanten Stärken liegen, darauf hat der/die Vorgesetzte bislang nicht geachtet. Da liegt der Fehler – nicht beim Trainer oder beim Mitarbeiter. Also: Schauen Sie sich Ihre Mitarbeiter erst einmal genauer an und listen Sie dann ihre jeweiligen Stärken auf.

Danach überlegen Sie sich, wie Sie diese Stärken stärken können. Das muss nicht immer ein Training sein. Wie in Hartwigs Fall kann es sogar das Gegenteil (kein Training) und eine Umorganisation der Aufgabenverteilung sein.

Bevor Sie aber seine Stärken stärken: Reden Sie mit dem Mitarbeiter darüber. Sonst fühlt er sich bevormundet.

Stärken stärken mit der Besserwerden-Frage

Wie stärken Sie Stärken? Es ist absurd, dass ausgerechnet diese erfolgsentscheidende Frage kaum je von Führungskräften gestellt, geschweige denn beantwortet wird/werden kann. Anstatt sich diese Frage zu stellen, schicken Manager ihre Leute reflexhaft ins Seminar, wo ihnen dann ihre Schwächen um die Ohren gehauen werden. Doch Training ist nicht die Antwort. Die Antwort ist eine Frage:

Tipp

Stärken stärken mit der Frage: Wie können wir heute oder bei diesem Auftrag, Problem, Projekt besser werden?

Wenn Sie Ihre Leute zusammentrommeln und so direkt fragen, wird ein Vorschlagssturm losbrechen (es sei denn, Sie haben die Leute schon so verschüchtert, dass sie nicht mehr den Mund aufkriegen).

Wenn Sie Mitarbeiter nämlich direkt fragen, wie sie besser werden können, kommt stets mehr dabei heraus als auf jedem 08/15-Seminar.

Und: Es wird mehr davon umgesetzt. Weil die Leute sich für ihre eigenen Vorschläge viel mehr reinhängen als für die eines Trainers oder Vorgesetzten. Und weil die Leute für ihre eigenen Vorschläge schon die nötigen Kompetenzen mitbringen – für die Vorschläge vom Trainer/Vorgesetzten naturgemäß nicht.

Besser werden mit der Kompetenzfrage

Welche Kompetenzen können Sie in diese Aufgabe, dieses Projekt einbringen?

Wetten, dass Sie diese Frage noch nie gestellt haben? Wetten, dass Sie sie in Zukunft laufend stellen werden? Denn nach dieser Frage kommen mehr Verbesserungen ans Tageslicht als nach allem Drohen, Druckmachen und Fordern. Und mehr als nach drei Seminaren herkömmlicher Prägung. Warum? Weil dieses Vorgehen nicht defizitorientiert ist («Was können Sie alles noch nicht?!»), sondern ressourcenorientiert: «Was können Sie bereits, was uns besser machen kann?»

Tipp
Setzen Sie nicht an Mängeln an. Setzen Sie an Stärken an.

Hartwig akquiriert sage und schreibe fünf Aufträge mehr im Monat, seit sein Boss ihn ressourcenorientiert entwickelt. Warum? «Mann», schwärmt Hartwig, «seit ich mich nicht mehr um diese bescheuerte Bedarfsanalyse kümmern muss, könnte ich Bäume ausreißen! Der Job macht jetzt gleich doppelt so viel Spaß!»

Ressourcenorientierte Entwicklung hat nämlich einen gigantischen Motivationseffekt.

Das ist eigentlich logisch. Was fühlen Mitarbeiter wohl, wenn der Chef reinkommt und sagt: «Was? Das könnt ihr auch nicht? Ab ins Seminar und dass ihr mir das ja lernt!» Und was fühlen sie wohl, wenn er sagt: «Ach, eure kleinen Schwächen interessieren mich nicht so. Das kriegen wir in den Griff. Aber jetzt lauft raus und macht einfach das, worin ihr super seid!» Wie würden Sie sich fühlen? Eben.

Nicht auf Schwächen herumzureiten, sondern Stärken zu stärken steigert das Selbstwertgefühl der Mitarbeiter auf exorbitante Weise. Denn nichts motiviert so sehr wie das, worin wir sowieso schon gut sind!

Jedes Ziel erreichen

Führungskräfte berichten uns immer wieder teils erstaunt, teils begeistert, welche unglaublichen Leistungssteigerungen ihre Mitarbeiter erreicht haben, seit sie nicht mehr deren Schwächen, sondern deren Stärken in den Fokus nahmen. Viele sagen: «Ich wusste gar nicht, welche verborgenen Talente die Leute haben!»

Ihre Mitarbeiter haben mehr Fähigkeiten, als Sie ahnen. Trotzdem kann es vorkommen, dass die Ziele so ehrgeizig sind, dass selbst die tollsten vorhandenen Fähigkeiten nicht ausreichen. Dann müssen Sie einzelne Mitarbeiter wohl doch aufs Seminar schicken? Bloß nicht! Denn das wäre – was? Richtig, ein übler Rückfall in die Defizitorientierung: «Du bist nicht gut genug, also musst du die Seminarbank drücken!» Wie motiviert ist ein derart zwangsbeglückter Mitarbeiter wohl?

Also ist der umgekehrte Weg richtig: Beziehen Sie die Mitarbeiter in die Suche nach Kompetenzen mit ein. Fragen Sie sie:

• Welche Kompetenzen brauchen wir für diese Aufgabe?
• Welche davon sind schon bei wem in welchem Ausmaß vorhanden?

- Welche müssen wir uns noch aneignen?
- Wo schürfen wir nach diesen neuen Kompetenzen?
- Tun sich etwa zwei, drei KollegInnen zu Lerngruppen zusammen?
- Holen wir externe Expertise?
- Oder sollte jemand ein Seminar besuchen?

Wenn sich Ihr Team dann unter den vielen angebotenen Maßnahmen für ein Seminar entscheidet, können Sie Haus und Hof darauf verwetten, dass der teilnehmende Mitarbeiter bis in die Haarspitzen motiviert ist, das richtige Seminar aussucht (kein defizitorientiertes), dem Trainer ein Loch in den Bauch fragt und danach alles umsetzt, was er gelernt hat. Dann und erst dann macht ein Seminar auch wirklich Sinn – und ist sein Geld wert.

Nur für Fortgeschrittene?

Manager: «Was? Sie können immer noch keine richtige Bedarfsanalyse? Dann zeig ich Ihnen mal, wie das geht. Und wenn Sie das nicht kapieren, dann ab ins Seminar.»

Manager sind Vorturner. Sie bestimmen, was gemacht wird – deshalb wird es nur halbherzig gemacht. Wer bestimmt, entmündigt Menschen. Und entmündigte Menschen verweigern sich.

Leader fragen hingegen: «Was können Sie denn besonders gut? Hm, dann machen Sie das doch. Und was fehlt noch? Hm, wie könnten Sie daran arbeiten?»

Leader sind Steuermänner. Sie regen Mitarbeiter dazu an, selber drauf zu kommen, was sie besonders gut können und wie sie noch dazulernen können. Deshalb haben sie mehr Erfolg. Wir würden uns wünschen, dass sich mehr Führungskräfte weniger als Vorturner und mehr als Steuermänner verstehen.

Manager schicken Mitarbeiter aufs Seminar – und entziehen sich dadurch ihrer arbeitsvertraglich geregelten Aufgabe «Führungskraft als Personalentwickler».

Leader dagegen fragen selbst: «Wie können Sie Ihre Stärken stärken? Wo können Sie noch hinzulernen?» Leader sind Personalentwickler (die PEler in der P-Abteilung sind dann nur noch für das verantwortlich, was sie auch verantworten können: Referentenauswahl und Konzeption).

Gute Seminare

Damit ist auch gesagt, warum so viele Seminare nichts bringen: zu defizitorientiert. Und was gute Seminare so gut macht: Sie sind ressourcenorientiert.

Inzwischen machen wir es so wie damals unser toller Tennistrainer. Wenn TeilnehmerInnen zu uns kommen und klagen: «Das kann ich nicht, und jenes müsste ich noch verbessern …», dann nehmen wir das nicht als Einladung, unsere Brillanz als Trainer unter Beweis zu stellen. Wir fragen stattdessen: «Okay, das kriegen wir später in den Griff. Jetzt lassen Sie uns dort ansetzen, wo Sie schon heute richtig stark sind.»

Allein an der schlagartig sich aufhellenden Miene des Teilnehmers erkennen wir, dass wir auf dem richtigen Weg sind.

Auf einen Blick: Souverän besser werden
Wenn Ihre Leute dringend besser werden müssen – trainieren Sie ihnen nicht ihre Schwächen ab! Stärken Sie Stärken!

8. «Schon wieder mehr Geld!»

Führungskräfte lieben das. Da kommt ein Mitarbeiter ins Büro und will schon wieder mehr Geld … In diesen Zeiten… Und dann geht die elende Feilscherei los. Man hat zwar kein Budget, doch man will den Mitarbeiter auch nicht verlieren. Also wird über jeden Euro mehr gestritten. Das nervt. Kein Wunder, dass uns Führungskräfte immer wieder fragen: «Wie schmettere ich Gehaltswünsche möglichst schnell ab?»

Sie ahnen es inzwischen – Das ist die falsche Frage. Eine bessere Frage ist: Wie kommt der Mitarbeiter überhaupt zu seiner Forderung? Das sagt er einem meist selbst: «Die anderen verdienen alle mehr als ich! Die haben den besseren Firmenwagen, das bessere Diensthandy, den besseren PC, den schnelleren Internetanschluss… »

Ihnen als Chef ist natürlich klar, dass der Vergleich hinkt: Der fordernde Mitarbeiter ist in Ihren Augen längst nicht so gut wie die, mit denen er sich vergleicht. Wenn der Mitarbeiter falsch vergleicht, sollten Sie das Entgeltsystem so anlegen, dass Vergleiche nur noch korrekt geführt werden können.

Oder anders formuliert: Geben Sie dem Mitarbeiter nicht mehr Gehalt, sondern eine bessere Vergleichsmöglichkeit!

Wie geht das?

Entgeltgruppen

Das Prinzip Entgeltgruppensystem ist herzlich simpel: Vergleichbare Arbeiten werden vergleichbar entlohnt. In Entgeltgruppe Sowieso verdient ein Mitarbeiter eben zwischen X und Y Euro. Wer in diese Gruppe fällt, verdient so viel – und gut. Da kann keiner kommen und behaupten, dass er mehr arbeitet und deshalb mehr verdienen sollte.

 Tipp:
Führen Sie ein Entgeltgruppensystem ein.

Das ist zwar zugegebenermaßen ein ziemlicher Aufwand und macht gelegentlich auch Rückstufungen nötig, die viel Ärger, Konflikte und Verdruss bereiten. Doch der ganze Stress lohnt sich, weil es eine unvergleichliche Transparenz schafft, unberechtigte Gehaltsforderungen im Keim erstickt und Lohnkosten spart.

Das Entgeltgruppensystem bezahlt einen Mitarbeiter danach, was er arbeitet. Das ist schon ein großer Fortschritt gegenüber dem unübersehbaren Entlohnungsdickicht, in das sich Unternehmen über die Jahre hineinbugsiert haben. Doch selbst in so einem System kommen Mitarbeiter zu Ihnen, die dann sagen: «Ich mache zwar das Gleiche wie der Müller – aber ich mache das viel besser!»

Neben dem Was auch das Wie entlohnen

Jetzt bewegen wir uns auf einem heiklen Gebiet, denn wenn Sie es falsch anstellen, haben Sie aus einem komplexen Lohngerüst ein außerordentlich komplexes Lohngerüst gemacht. Werfen wir also die Frage auf, was passiert, wenn Sie Ihr Entlohnungssystem so ausgestalten, dass ein Mitarbeiter einen Teil seines Entgelts für das bekommt, was er macht, und einen anderen für das, wie er es macht.

Das geht über Boni oder Leistungszulagen. Wer es zehn Prozent besser macht, kriegt zehn Prozent Leistungszulage; wer es 20 Prozent besser macht, kriegt 20 Prozent Zulage. Wie kommen Sie auf die Prozentzahlen? Über die Leistungsbeurteilung innerhalb eines Beurteilungssystems.

Sie trommeln ungehalten auf der Tischplatte? Dann sind Sie Entgeltexperte. Denn so gerecht, fair und leistungsfördernd Leistungszulagen erscheinen mögen, sie werden in der Praxis fast immer ungeschickt benutzt. Natürlich nie absichtlich, sondern immer aus einem Dilemma heraus: Wenn ein Mitarbeiter in diesem Jahr zehn Prozent besser ist als die Benchmark, dann kriegt er seine zehn Prozent.

Was aber, wenn er im nächsten Jahr nur noch Durchschnitt ist? Dann kriegt er sie natürlich nicht, ist ja nur fair! Ja? Nein. Aus seiner Sicht verliert er dabei nämlich etwas, was er vom letzten Jahr gewohnt ist. Und weil viele Manager überaus harmoniebedürftig sind, geben sie dem Minderleister dann in Gottes Namen eben trotzdem seine zehn Prozent, obwohl er diese nicht verdient. Was aber ist mit denen, die tatsächlich zehn Prozent über Soll liegen? Die kriegen dann eben 20 Prozent Zulage – um die Gerechtigkeit zu wahren.

Resultat: Beurteilungssysteme inflationieren die Entlohnung, weil selten heruntergewertet und die entstehende Ungerechtigkeit nach oben ausgeglichen wird. Ein echtes Problem. Die Lösung liegt auf der Hand: Wer Leistung beurteilt, muss als Manager auch die nötige gesunde Konsequenz aufbringen, unpopuläre Beurteilungen zu vertreten, zu begründen, durchzusetzen – und dem Mitarbeiter gleichzeitig coachend Entwicklungsmöglichkeiten aufzeigen, damit er im nächsten Jahr wieder seine erwartete Zulage bekommt.

Oder Sie machen es ganz anders und ziehen Kennzahlen zur Entlohnung heran.

Kennzahlen

Den Akkord als Kennzahl kennt jede(r) noch. Verkäufer werden nach Umsatz bezahlt. Versicherungsberater werden unter anderem nach verkauften Policen bezahlt. Wenn ihre Vorgesetzten klug sind, dann werden dabei Neukunden schwerer gewichtet als Altkunden, jeweils korrigiert um die Stornorate. Sie sehen: Man muss ein wenig nachdenken beim Entlohnen nach Kennzahlen. Denn wenn ich nur nach verkauften Policen bezahle, wird die Neukundenakquise vernachlässigt: Gemacht wird, was belohnt wird.

Wie kommen Sie zu dem Wert der Kennzahl, ab dem es eine Leistungszulage gibt? Am besten über den Durchschnittswert der vergangenen Jahre.

Der Vorteil eines Kennzahlensystems ist offenkundig: Geht die Kennzahl eines Mitarbeiters herunter, dann fällt es Vorgesetzten sehr viel leichter als beim Entgeltgruppensystem, auch das Entgelt zu kürzen. Denn die Kennzahl ist im Gegensatz zur Beurteilung etwas Objektives. Schuld an der Herabstufung ist sozusagen nicht der Vorgesetzte, sondern die Kennzahl.

Außerdem deckt ein solches Kennzahlensystem schonungslos Missstände auf. «Wie soll ich denn meine Kennzahl erreichen», protestiert lauthals der Mitarbeiter, «wenn meine Software fünfmal am Tag abstürzt? Also repariert gefälligst das System! Es geht schließlich um unseren Bonus!» Problem erkannt, Problem gebannt.

Warum gibt es dann trotzdem Mitarbeiter, die sich von einem Kennzahlensystem nicht zu Höchstleistung anspornen lassen? Weil vor allem Neulinge oft keine Chance sehen, auf ihre Zahl zu kommen. «Das ist Ihre Kennzahl! Schauen Sie zu, wie Sie sie erreichen!» Wer mit dieser Sklaventreibermentalität führt, sabotiert sein eigenes System. Besser ist: «Ja, am Anfang erscheint die Kennzahl jedem als hoch. Aber ich helfe Ihnen dabei, dass Sie Ihr Leistungsziel erreichen.»

Es versteht sich von selbst, dass die Kennzahlen keine Mondzahlen sein dürfen. Ein Paketdienst in einer deutschen Großstadt zum Beispiel hat die Kennzahlen so gelegt, dass nur zehn Prozent der Fahrer (jene in verkehrsschwachen Außenbezirken) ihren Bonus erreichen. Die anderen machen Gammeldienst, «weil es im Stadtverkehr eh' unmöglich ist, diese irrsinnigen Vorgaben zu erreichen».

Sie sagen das schon lange?

Nichts, was Sie eben gelesen haben, war Ihnen wirklich neu? Sie sagen das schon lange? Trotzdem tut sich nichts in Ihrem Unternehmen? Das ist fast schon normal. Woran liegt's?

Viele Führungskräfte können ihr Entgeltsystem gar nicht verändern, weil es ihnen von der Zentrale, dem Konzern oder der Holding vorgeschrieben wird. Doch selbst die, die es könnten, tun es meist nicht, weil das Thema Entgelt ein Spannungsfeld ist, in das sich Manager nur ungern begeben.

Das hört sich jetzt alles sehr negativ, pessimistisch, defätistisch an. Also ändern wir das mal und erörtern die häufigsten Fragen und Einwände, die an uns dazu herangetragen werden, plus der üblichen und der besten Antworten, die uns Manager darauf gegeben haben:

«Unsere Geschäftsleitung ist beim Entgeltsystem uneinsichtig, was können wir da schon groß machen?»
A) Verständlich, aber nicht wirksam: «Wenn die da oben pennen, dann sollen sie sehen, was sie davon haben», wie ein Bereichsleiter das einmal ausdrückte.
B) Best Practice: «Auch unser Vorstand wollte zuerst nichts davon hören. Da haben wir in anderen Bereichen Verbündete gesucht (Fraktionsbildung) und den Finanzvorstand für uns gewonnen (Change Agent), haben einen externen Entgeltexperten präsentieren lassen – und nach drei Jahren hatten wir auch unseren Entgeltgruppentarif.»

«Wenn ich an der Entlohnung was ändern will, da schreien doch alle gleich Zeter und Mordio!»
A) «Das gibt nur eine elende Streiterei, bei der sich dann doch nichts ändert!»
B) «Wenn ich von etwas überzeugt bin – und von unserem Kennzahlensystem war ich immer überzeugt –, dann ficht man das

auch bis zum Erfolg durch. Es gehören immer zwei zum Streiten. Ich habe nie mit den Leuten gestritten. Ich habe sie immer davon überzeugt, dass es eine faire Angelegenheit ist. Und wer damit schlechter fuhr, den habe ich davon überzeugt, dass es das Beste fürs Unternehmen ist – was langfristig auch ihm nützt.»

«Die entlohnen bei uns nicht leistungsgerecht, weil sie dann endlich sagen müssten, wie sie Leistung überhaupt definieren!»
A) «Wenn Leistung klar definiert ist, gibt es keine Vetternwirtschaft mehr – das stinkt vielen in der Geschäftsleitung!»
B) «Es gibt andere Wege, die Favoriten der Mächtigen weiter zu fördern. Doch für das Gros der Mitarbeiter muss klar definiert werden, was Leistung ist. Das haben wir unserem Topmanagement irgendwann auch klarmachen können. Danach haben wir festgelegt, messbar und vergleichbar gemacht, was Leistung bei uns bedeutet.»

«Wenn plötzlich nach Leistung bezahlt wird, dann fürchten viele um ihre Besitzstände!»
A) «Das Besitzstandsdenken verhindert Leistungsgerechtigkeit!»
B) «Wir haben zum Beispiel einen, der kriegt fast das Doppelte dessen, was er nach der neuen Entgeltgruppe kriegen sollte. Der Unterschied wird dann eben mit allen künftigen Tariferhöhungen abgeschmolzen. Immer noch besser, als wenn wegen einem Einzigen alle anderen weiter ungerecht bezahlt werden.»

«Verliere ich als Chef nicht auch Freiraum?»
A) «Entgeltgruppen engen mich als Chef viel zu sehr ein. Die Mitarbeiter erwerben sozusagen einen Anspruch, dem ich mich fügen muss.»
B) «Es mag sein, dass dieser Anspruch mich als Chef fordert – doch auf der anderen Seite motiviert er die Leute und hält sie mit unberechtigten Forderungen aus meinem Büro raus!»

«Warum wehren sich viele Manager bei uns so sehr gegen leistungs-gerechte Belohnung?»

A) «Leistungsgerechte Belohnung bedeutet große Transparenz. Und schwache Manager lassen sich eben ungern in die Karten schauen.»

B) «Starke Manager fahren mit Offenheit und Transparenz besser. Die haben Tricks nicht nötig.»

Ab und zu, statt immer

Mancher Manager fühlt sich durch moderne Entgeltsysteme in seiner Freiheit bedroht. Zu Unrecht. Denn er hat immer noch das Instrument des Bonus.

So sagt ein Abteilungsleiter: «Neben den Entgeltgruppen habe ich einen Bonustopf. Da greife ich immer rein, wenn einer Außerordentliches leistet.» Für eine tolle Idee, ein über den Vorgaben einlaufendes Projekt, eine vorbildliche Problemlösung oder andere herausragende Leistungen gibt es bei ihm immer eine monetäre Anerkennung. Manchmal ist das ein halbes Monatsgehalt, manchmal ein Hunderter bar auf die Hand, manchmal auch eine Wochenendreise für den Mitarbeiter und seine Partnerin – je nach Anlass, Leistung und Mitarbeiter.

Tipp
Ein Bonus ist immer noch ein fantastisches Motivationsmittel.

Und das nicht nur wegen dem schnöden Geld. Erinnert sei an die berühmte IBM-Banane: Ihr damaliger Chef Thomas J. Watson (1874–1956), eine der prägenden Gestalten von IBM, gab als Bonus immer einen Geldbetrag direkt in seinem Büro aus seiner Schreibtischschublade heraus. Irgendwann hatte er vergessen, die Schublade nachzufüllen und griff ins Leere, als ein Mitarbeiter freudestrahlend mit einer echt belohnungswürdigen Leistung zu ihm kam. In seiner Verzweiflung – denn er war ein guter Vorgesetzter –

griff der Topmanager zum einzig Verschenkbaren, was sich noch in seiner Schublade befand: seiner Frühstücksbanane. Der Mitarbeiter ging raus, die Banane in der hoch erhobenen Hand: «Seht, hat mir der Boss geschenkt!» Eine Banane vom Boss! Keiner hatte das vorher je bekommen.

> **Merke:**
> Natürlich hat ein Bonus immer einen monetären Motivationsaspekt (vor allem für materialistisch orientierte Mitarbeiter). Doch er hat noch einen viel stärker wirksamen Motivationsaspekt: Anerkennung.

Warum belohnen so wenige Manager?

Weil viele Angst haben, dass der belohnte Mitarbeiter und andere daraus einen Anspruch ableiten: «Aber ich hab auch was Tolles geleistet und soll leer ausgehen?» Auch haben viele Manager Angst, dass ein unzufriedener, zu kurz Gekommener ihnen Vetternwirtschaft vorwirft: «Der kriegt den Bonus ja nur, weil er der Liebling vom Chef ist!»

Dazu müssen wir leider fragen: Was sind Sie denn? Manager oder Maus? Wenn ein Tarifsystem dem Manager unpopuläre Entscheidungen abnehmen soll, dann braucht ein Unternehmen bald keine Manager mehr – sie sind ja durch Systeme vollständig ersetzbar.

Ein Vorstandsmitglied sagt dazu: «Ich habe kein Problem damit, einem Mitarbeiter ganz höflich und absolut verständlich zu erklären, warum sein Kollege einen Bonus bekommt und er nicht. Eben weil die Leistung des Kollegen aus guten Gründen besser ist. Und diese guten Gründe gebe ich ihm.»

Was, wenn aber einer ständig meckert? Der Vorstand weiter: «Dann habe ich keine Hemmungen, ihm zu sagen: Wenn Sie deutlich mehr haben wollen, dann müssen Sie etwas anderes tun. Entweder Sie lassen sich weiterbilden oder Sie suchen einen, der das bezahlt, was Sie sich vorstellen.»

Wirkt das?

«Immer. Entweder ich habe damit einen Kandidaten für die Personalentwicklung gewonnen – oder er ist mir dankbar, weil ich ihm dabei helfe, dass er sich anderweitig orientiert.»

Das Problem sind nicht die Nörgler. Das Problem entsteht erst, wenn man(ager) Nörgler nicht offen und ehrlich behandeln.

Auf einen Blick: Souverän Gehaltsgespräche führen

Entlohnen Sie das Was und das Wie so systematisch transparent, dass Mitarbeiter die richtigen Vergleiche ziehen.

9. «Welches ist der beste Führungsstil?»

Der Ingenieur schleicht schlurfenden Schrittes von dannen. Eben hat ihm sein Abteilungsleiter eine großkalibrige Gardinenpredigt gehalten. Tenor: «Sie sind einer meiner Besten und leisten sich so einen Schnitzer! Absolut unverzeihlich!» Jetzt dreht sich der Vorgesetzte zu uns um, die wir in den letzten beiden Minuten am liebsten ganz woanders gewesen wären, und fragt: «War das jetzt zu heftig? Hätte ich ihn nicht so hart anfassen dürfen?»

Chefs fragen das ihre Coaches erstaunlich oft. Der Laie ist verwundert, doch obwohl Führungskräfte angeblich nichts anderes machen, als zu führen, sind die meisten unter ihnen ziemlich unsicher, was den Führungsstil anbelangt: Was ist der richtige? Bin ich zu hart? Oder zu nachgiebig? Hassen mich meine Leute, weil ich so … bin? Das fragen Sie sich manchmal auch?

Weil niemand mit dieser Unsicherheit leben kann, legen sich fast alle Führungskräfte einen persönlichen Stil zu, dem sie treu bleiben: Der eine gibt den harten Hund, der andere den kühlen Strategen, der dritte den kollegialen *primus inter pares,* der vierte den guten Onkel, … Was ist Ihr Stil?

Und was ist Ihr Problem damit?

Denn das ist das Vertrackte an Führungsstilen: Sie machen Probleme. Zuverlässig. Der Ingenieur aus unserem Beispiel eben ist von der Gardinenpredigt derart erschüttert, dass er zwei Wochen lang Dienst nach Vorschrift macht. Der autoritäre Stil seines Abteilungsleiters hat dem Mitarbeiter, dem Abteilungsleiter und dem Unternehmen in diesem Fall schwer geschadet. «Ach, der soll nicht so empfindlich sein», verteidigt sich der Abteilungsleiter. Mag sein – aber das löst das Problem nicht: Der Ingenieur bringt zwei Wochen lang nur 60 Prozent Leistung. Und schuld daran ist der Führungsstil seines Vorgesetzten.

Jeder Manager hat seinen Stil

Das Problem ist nur: Dem hoch kreativen Ingenieur von eben ist der autoritäre Führungsstil total zuwider. Der relativ orientierungslose neue Kollege dagegen wäre völlig verunsichert, wenn ihn der Abteilungsleiter «antiautoritär», am langen Zügel, also orientierungslos führen würde: Der Führungsstil, der auf Mitarbeiter A perfekt passt, ist bei Mitarbeiter B perfekt falsch. Das lässt nur eine Schlussfolgerung zu:

> **Merke**
>
> Ein Führungsstil ist zu wenig. Jeder Mitarbeiter ist anders, will und muss anders geführt werden. Für jeden brauchen Sie sozusagen einen eigenen Stil.

Sofern Sie das Beste aus ihm herausholen wollen. Eigentlich wusste das schon der Großvater, als er uns riet, nicht alle Menschen über einen Kamm zu scheren. Für jeden Mitarbeiter einen eigenen Führungsstil? Unmöglich! Diesen Aufwand kann man von Managern nicht verlangen! Stimmt, kann man nicht. Weil man es nicht zu verlangen braucht: Die tun es längst.

Manager differenzieren längst – nur nicht bei Mitarbeitern

Wenn (gute) Manager Verhandlungen führen oder mit Kunden umgehen, dann behandeln sie jeden Gesprächspartner anders, eben individuell. Sie wissen, was der Kunde mag und nicht mag – und gehen darauf ein. Sie würden beispielsweise einen A-Kunden niemals so behandeln wie einen C-Kunden. Sie würden nie auf den Gedanken kommen, zu fragen: «Was ist der beste Kundenführungsstil?» Denn sie wissen es längst: Jeder Kunde ist anders und will deshalb anders geführt werden.

Das Einzige, was vielen Managern fehlt, ist, diese Differenzierung auf die eigenen Mitarbeiter zu übertragen:

Tipp
Führen Sie Mitarbeiter so, wie Sie Kunden führen (würden): individuell.

Nicht umsonst werden Mitarbeiter auch als «interne Kunden» bezeichnet: Das, was Sie bei Kunden (Produkten, Märkten, Innovationen, Investitionen, Projekten) erfolgreich macht, macht Sie auch bei Mitarbeitern erfolgreich.

Vergessen Sie, was Sie über Führungsstile gelernt haben

Hierarchischer, direktiver, kollegialer, partizipativer, autoritärer, patriarchalischer … Führungsstil. Welcher ist der beste? Das ist die falsche Frage.

Wenn es schon ein Etikett sein soll, dann eines, das passt: situativer Führungsstil. Der Ingenieur aus unserem Beispiel hat die Gardinenpredigt, sprich den autoritären Führungsstil, überhaupt nicht vertragen. Er hätte etwas anderes gebraucht. Was? Darüber müsste eigentlich ein Führungsmodell Auskunft geben.

Es gibt Hunderte von Führungstheorien und -modellen. Manager lernen sie aus Büchern oder im Seminar. Und dann? Dann vergessen sie sie oder melden zurück: «Funktioniert nicht in der Praxis. Zumindest bei uns nicht.» Der Clou daran: Das stimmt tatsächlich. Denn so sehr ein Modell im Seminar auch überzeugt – das sagt wenig. Das Einzige, was interessiert, ist die Frage: Ist es so gut, dass es Führungskräfte tatsächlich in der Praxis anwenden?

In den langen Jahren, in denen wir Führungskräfte trainieren, haben wir ein Modell entwickelt, dass so einfach ist, dass Führungskräfte es aus dem Stehgreif anwenden können. Schauen wir es uns an.

Das 4-Typen-Modell

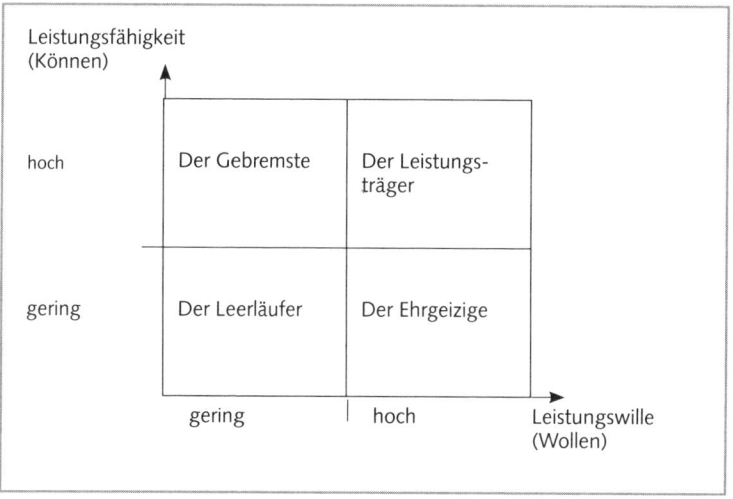

So kriegen Sie Ihre Mitarbeiter in den Griff

Wenn wir Führungskräfte im Seminar bitten, jeden ihrer Mitarbeiter einem Quadranten des Schaubilds zuzuordnen, dann können sie das aus dem Stehgreif. Warum? Weil Manager das immer machen – mit Kunden!

Für jeden Kunden, jedes Land, jedes Produkt, jede Marktlage entwickelt ein Manager normalerweise eine eigene Strategie.

Tipp
Entwickeln Sie auch für jeden Mitarbeiter jeweils eine eigene Strategie.

Keine Bange: Es sind nur vier mögliche Strategien.

Der Leerläufer

Der Leerläufer verfügt über wenig Fähigkeiten und Motivation. Meist liegt sein Motivationstief daran, dass er (zeitweilig) innerlich emigriert ist. Wie unsinnig die Frage nach dem «besten» Führungsstil ist, zeigt sich, wenn ein abstrakter Führungsstil mit einem konkreten Mitarbeiter konfrontiert wird:

- Führungskräfte mit kollegialem Führungsstil fragen in dieser Situation unweigerlich: «Gibt es private Probleme?» Daraufhin bombardiert der Leerläufer den Vorgesetzten mit seinen Sorgen und Nöten – was beiden nicht weiterhilft. Psychoanalyse am Arbeitsplatz führt zu nichts, da der Vorgesetzte kein Therapeut ist. Der Leerläufer muss erst einmal wieder in Bewegung kommen.
- Kollegial Führende fragen auch oft: «Was ist los mit Ihnen?» Daraufhin schüttet sie der Leerläufer mit Entschuldigungen und Rechtfertigungen zu. Er erklärt haarklein, was alles und warum das alles nicht geht und dass er überhaupt nichts dafür kann.
- Auch der autoritäre Führungsstil versagt hier: Druck geht am Leerläufer glatt vorbei. Sein innerer Frust ist viel größer als jeder Druck von außen.

Leerläufer wollen wie alle Mitarbeiter nicht mit einem 08/15-Patentführungsstil geführt werden, sondern so, dass sie das bekommen, was sie in der konkreten Situation am nötigsten brauchen. Der

Leerläufer zum Beispiel braucht dringend Bewegung. Und wie bringt man einen in Schwung, der schon viel zu lange herumsitzt? Mit kleinen Schritten:

> **Tipp**
> Führen Sie Leerläufer eng! Das heißt: mit kleinschrittigen Zielen, täglichen kleinen Statusberichten, häufiger Kontrolle, Anerkennung kleiner Erfolge – das holt ihn/sie aus dem Loch.

Sobald der Leerläufer anhand von kleinen Erfolgen sieht: «Hey! Es geht ja wieder!», arbeitet er sich langsam aus seinem Motivationsloch heraus.

Der Gebremste

Der Gebremste kann viel, will aber (gerade) nicht. Er wird von irgendetwas, irgendjemandem oder sich selber ausgebremst. Kollegial führende Vorgesetzte versuchen oft, die Bremse des Gebremsten zu lösen. Das ist ein Fehler. Erstens übernimmt damit der Vorgesetzte für etwas Verantwortung und Arbeit, was Angelegenheit des Mitarbeiters ist.

Zweitens führt das zu nichts, weil nur der Mitarbeiter weiß, was ihn ausbremst. Und drittens nutzt der Mitarbeiter es natürlich aus, dass der Vorgesetzte sich derart um ihn kümmert.

Besser ist: Fragen Sie den Gebremsten, was ihn ausbremst. Wer die Bremse zieht, kann und muss sie auch wieder lösen.

Beim Leerläufer würde diese Frage zu einer minutenlangen, nutzlosen Rechtfertigungsorgie führen, weil er genau weiß, dass er nur geringe Fähigkeiten mitbringt und das (auch vor sich selbst) verstecken möchte. Der Gebremste dagegen ist dankbar, dass ihm einer hilft, seine Bremse zu finden, weil er genau weiß, dass er eigentlich mehr kann und das endlich wieder unter Beweis stellen möchte.

Stellen Sie die Frage ohne Umschweife: «Sie kommen mir in

letzter Zeit etwas gebremst vor. Was ist los?» Gebremste sind in der Regel sehr gut reflektiert und nennen nach ein paar Minuten gemeinsamen Nachdenkens zuverlässig die Bremsfaktoren. Dann überlegen Sie mit ihnen zusammen, wie Sie diese Faktoren ausräumen.

Tipp
Fragen Sie (sich) nicht nur, was der Mitarbeiter braucht. Fragen Sie sich auch: Und was davon kann ich ihm geben? Was muss er selber beitragen? Ein schönes Beispiel für das Prinzip «Fördern und Fordern».

In der Regel leisten Gebremste sehr gern ihren Beitrag – und sind Ihnen obendrein dankbar, dass Sie sie bei ihrer Bremslösung unterstützen.

Der Ehrgeizige

Der Ehrgeizige kann wenig, will aber viel. Ihn sollten Sie weniger fordern (das tut er schon selber), dafür mehr fördern.

Tipp
Entwickeln Sie die Fähigkeiten der Ehrgeizigen.

Das ist der eigentliche Sinn von «Führen»: Führen Sie den Mitarbeiter aus seiner Ehrgeiz-Ecke heraus zu mehr Fähigkeiten. Aber nicht, indem Sie ihn mit Trainingsmaßnahmen zwangsbeglücken, sondern indem Sie ihm Optionen aufzeigen, von denen er sich welche aussuchen soll. Ehrgeizige müssen nicht eng geführt werden – ihr Ehrgeiz macht das besser als jeder Vorgesetzte. Sie brauchen keine kleinschrittigen Ziele, sondern im Gegenteil eher einen breiten Zielkorridor.

Der Leistungsträger

Der Leistungsträger ist der Idealfall des Mitarbeiters: kann viel, will viel. Trotzdem oder gerade deshalb begehen viele Führungskräfte einen großen Fehler bei seiner Führung: Eben weil er so problemlos und pflegeleicht ist, vernachlässigen sie ihn (um sich um die «schwierigen Fälle» zu kümmern). Dabei ist es gerade umgekehrt: Ein Ackergaul braucht wenig Pflege, ein Rennpferd viel.

Leistungsträger wollen keine 08/15-Aufgaben delegiert bekommen. Sie wollen grosse Aufgaben, möchten Verantwortung übernehmen, selbstständig, unternehmerisch denken und handeln. Sie brauchen das persönliche, ehrliche, anerkennende Feedback.

Tipp

Achten Sie verschärft darauf, dass Sie Leistungsträger mittelfristig loswerden!

Warum? Weil sie unzufrieden werden, wenn sie einen Job in- und auswendig kennen. Damit Leistungsträger Leistungsträger bleiben, müssen Sie sie beständig weiterentwickeln. Irgendwann geht es jedoch in Ihrem Führungsfeld nicht mehr weiter – dann bereiten Sie Ihr Rennpferd für die nächste Entwicklungsstufe eben außerhalb Ihres Führungskreises vor. Wie gut ein Manager ist, sieht man auch daran, wie viele seiner ehemaligen Schützlinge heute in Spitzenpositionen zu finden sind.

Erkennen Sie jetzt, warum es ein Fehler war, den Ingenieur aus unserem Eingangsbeispiel zur Schnecke zu machen?

Weil man ein Rennpferd nicht zur Schnecke macht! Das ist so sensibel, dass es nicht mehr frisst und im nächsten Rennen versagt.

Merke

Bei Leistungsträgern können Sie sich Gardinenpredigten sparen. Es reicht, an deren Vernunft zu appellieren – denn davon haben sie genug.

Leistungsträger können und sollten Sie tatsächlich kollegial führen: von Manager zu Manager. «Sie wissen, wie sich Ihr Fehler auf unseren DB auswirkt. Erklären Sie mir, wie Sie ihn ausbügeln werden und wie Sie sicherstellen, dass das nie wieder vorkommt.» Das verhindert tausendmal besser eine Wiederholung des Fehlers als die schärfste Gardinenpredigt – beim Leistungsträger! Ein Leerläufer oder Ehrgeiziger wüsste mit hoher Wahrscheinlichkeit gar nicht, was ein DB ist, würde aber trotzdem «Jaja» sagen – und denselben teuren Fehler nochmals machen.

Strategisch führen

Was Sie eben kennengelernt haben, ist kein Führungsstil, sondern sind vier Führungsstrategien. Wie jede Strategie finden Sie diese nicht in einem Buch, sondern müssen sie selbst aufstellen. Das macht Arbeit – aber das ist die Aufgabe einer Führungskraft:

- Überlegen Sie für jeden Ihrer Mitarbeiter: Wo steht er/sie im 4-Typen-Modell?
- Welche Verhaltensweisen sprechen dafür?
- Wie sollten Sie ihn/sie also behandeln?
- Wenn Sie alle Ihre Mitarbeiter in das Koordinatenkreuz eintragen: Wo liegt eine Häufung vor?
- Welche Entwicklungsaufgabe ergibt sich daraus?

Wenn die meisten MitarbeiterInnen zum Beispiel unten links zu finden sind, ist die Entwicklungsaufgabe klar: nach oben rechts! Wollen wir, dass irgendwann alle Mitarbeiter oben rechts stehen? Wollen wir nicht. Denn erstens wäre das unheimlich aufwändig und zweitens unrealistisch: Die Leistungsträger entwickeln sich ja auch. Ein guter Vorgesetzter wird versuchen, einzelne Mitarbeiter nach rechts oben zu bringen und im Übrigen sozusagen das komplette Restschaubild auch immer weiter nach rechts oben zu schieben: Alle Mitarbeiter sollen weiterentwickelt werden. Eine gute

Führungskraft findet bei jedem Mitarbeiter dafür einen Ansatz-punkt. Das heißt auch:

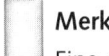

Merke

Eine gute Führungskraft lässt keinen in Ruhe!

Führungs-Quiz

Die Situation

Stefan Müller, Sachbearbeiter, ist seit zwei Wochen der absolute Unruheherd und bringt das ganze Team durcheinander mit sei-nen verrückten Ideen. Die eigentliche Arbeit kommt zu kurz. Was tun?

Die Alternative

- Autoritär: «Nun reißen Sie sich mal zusammen!»
- Kollegial: «Was ist denn los mit Ihnen?»

Wie würden Sie in dieser Situation führen? Richtige Antwort: Weder noch.

Die Einordnung

Erst mal den Kandidaten ins 4-Typen-Modell einordnen. Ge-lingt Ihnen das? Wie? Indem Sie die Indizien suchen und wür-digen – wie Sherlock Holmes: Wenn die eigentliche Arbeit lie-gen bleibt, dann ist der Sachbearbeiter offensichtlich wenig motiviert. Er ist also ein Leerläufer oder ein Gebremster. Da er erst seit 14 Tagen so demotiviert ist, ist er eher ein Gebrems-ter.

Die Intervention

Wenn Sie wissen, dass Müller sich gerade ausbremst, dürfen Sie ruhig die Strategieempfehlungen (s. o.) zur Hand nehmen und «spicken» (mit der Zeit wissen Sie's auswendig): Gebremste nimmt man zur Seite und fragt: «Erzählen Sie mal, was ist denn los?» So lösen Sie die Bremse in wenigen Minuten. Bereit für den nächsten Fall?

Die Situation
Petra Schmitt ist Projektleiterin. Leider wenig erfolgreich: Sie hat eben den zweiten Meilenstein um Meilen verfehlt – wieder ohne jede Vorwarnung.

Die Alternative
Druck machen oder großonkelhaft fragen, was denn los ist?

Die Einordnung
Eine Projektleiterin, die ohne Vorwarnung den zweiten Meilenstein vermasselt, ist zunächst mal keine Leistungsträgerin – denn die denken wie Unternehmerinnen: «Wohin führt das, wenn ich so weitermache? Dazu, dass ich den Meilenstein nicht halten kann!» Und dann geben die aber Alarm! Also ist Petra wohl eine Ehrgeizige, die sich einfach übernommen hat und das – typisch Ehrgeizige! – am liebsten unter den Teppich kehren würde.

Manchmal schafft es ein Ehrgeiziger auch tatsächlich. Doch erkennbar ist es immer, dass es eben kein Leistungsträger, sondern ein Ehrgeiziger ist: Die geben nicht rechtzeitig Bescheid, dass sie in Schwierigkeiten stecken, die suchen nicht nach Unterstützung, die wollen alles selber machen in ihrem Ehrgeiz. Die wissen auch immer alles besser: noch so ein Indiz. Wie erkennen Sie als Auftraggeber so einen Ehrgeizigen schon bei der Auftragserteilung? Indem Sie nachbohren: «Und wie packen Sie das jetzt an? Was sind die ersten Schritte?» Ein Leistungsträger gibt darauf fundierte Antwort – ein Ehrgeiziger improvisiert; und das erkennen Sie immer.

Die Intervention

Situativ führen heißt, dem Mitarbeiter das zu geben, was er braucht. Was braucht Petra Schmitt? Fähigkeiten. Ihr müssen Sie die Unterstützung geradezu verschreiben, die sie freiwillig nicht suchen würde. Außerdem sollten Sie sie coachen und/ oder schulen (lassen), damit sie zu ihren bislang fehlenden Fähigkeiten kommt. Daneben sollten Sie sie an der kurzen Leine führen: engere Meilensteine vorgeben, klarere Etappenzielvereinbarungen, dichtere Kontrollen, verbindliche Ressourcenhinweise geben à la: «Sprechen Sie zuerst noch mit Meier, der hatte auch schon mal so ein Projekt» oder: «Klären Sie diese Punkte erst noch ab, ob die technisch überhaupt machbar sind».

Feedback aus der Praxis

Wenn wir mit Führungskräften sprechen, die das 4-Typen-Modell in der Praxis anwenden, bekommen wir meist Folgendes zu hören:

- «Mein Blick für die einzelnen Mitarbeiter wurde schärfer.» Obwohl das Modell doch ein ganz einfaches und eigentlich unscharfes, pauschales ist.
- «Ich habe jetzt den Blick fürs Wesentliche.» Nämlich für die Position eines Mitarbeiters im Koordinatenkreuz.
- «Ich bin wieder handlungsfähig, weil ich für jede Führungssituation die passende Strategie kenne.»
- «Meine Mitarbeiter haben schon bemerkt, dass ich nicht mehr alle über einen Leisten schere, sondern dezidiert Unterschiede mache. Die empfinden das als fair und gerecht – und reagieren sehr motiviert.» Fairness ist ein großer Motivator.

Bezeichnenderweise ist das genau der Ruf, der die besten Führungskräfte umstrahlt: gerecht zu sein. Nicht umsonst haben beide Begriffe denselben Wortstamm:

Merke

Wer als Vorgesetzter jedem Mitarbeiter gerecht wird, wird als gerecht wahrgenommen und geschätzt.

Deshalb ist situative Führung so erfolgreich, wirksam und motivierend: Sie wird jeder Situation, jedem Mitarbeiter gerecht und verleiht dem Vorgesetzten den Nimbus einer fairen Führungskraft.

Auf einen Blick: Souverän führen

Führen Sie gezielt situativ! Ordnen Sie jeden Mitarbeiter einer der vier Führungsstrategien zu.

> «An einem Strang ziehen ist eine dämliche Management-
> metapher. Meine Leute ziehen alle am selben Strang –
> jeder in eine andere Richtung.»
>
> Abteilungsleiter, 32 Jahre

10. «Wie erreiche ich, dass meine Mitarbeiter in eine Richtung ziehen?»

Ziehen Ihre Mitarbeiter so mit, wie Sie sich das wünschen? Die meisten Führungskräfte lachen darauf kurz und klagen:

- «Die verplempern zu viel Zeit mit Kinkerlitzchen.»
- «Die entwickeln nicht den Zug, den ich haben will.»
- «Es fehlt die Konzentration aufs Wesentliche.»

Der eingangs zitierte Abteilungsleiter sagt: «Wenn ich denen hin und wieder klipp und klar sage, wo es langgeht, gucken die wie das Eichhörnchen, wenn es blitzt, und sagen ganz naiv: Ach, so wollten Sie das? Die denken für keine fünf Cent mit.»

Und er spricht Führungskräften aus der Seele, wenn er erklärt: «Ich will, dass die sich endlich aufs Wesentliche konzentrieren, auf unsere Ziele fokussieren, dass wir schnell Ergebnisse sehen – und dass die endlich aufhören, sich mit Pipikram zu beschäftigen!» Wie erreicht er das?

Wie gehen Sie das an? Bauen Sie sich vor den Leuten auf, machen Druck, ziehen die Zügel an und sagen: «Da geht es lang!»? Wie funktioniert das? Dem Vernehmen nach äußerst schlecht. Viele Führungskräfte klagen: «Ich müsste das zwanzig Mal am Tag machen!» Wer hat dafür schon die Zeit oder den Nerv?

Druck machen, die Zügel anziehen – die beliebtesten Führungsinstrumente versagen in der Regel.

Warum? Weil die Leute zwar kurzfristig «spuren», wenn man ihnen Druck macht. Aber nur, weil sie müssen. Wenn der Chef zurück in sein Büro geht und der Druck weg ist, verlieren sie wieder die Richtung. Sie haben eine Sklavenmentalität entwickelt: Ohne Peitsche geht nichts mehr. Was geht dann?

Souverän auf Linie bringen

Angenommen, Meier vertrödelt seine Zeit mit sinnlosen technischen Spielereien. «Lassen Sie den Sch… Konzentrieren Sie sich auf das wirklich Wichtige!» Das macht Meier dann auch – für den nächsten halben Tag. Spätestens morgen vertrödelt er seine Zeit wieder mit Schnickschnack. Warum bleibt er nur so kurz auf Richtung? Weil man es ihm gesagt hat. Aus eigenem innerem Antrieb heraus tut er es nicht.

Sie wollen nicht, dass der Mitarbeiter spurt – Sie wollen, dass er es aus eigenem Antrieb tut. Denn nur das ist nachhaltig (wie wir in anderem Zusammenhang schon gesehen haben; siehe Seite 22). Wie erreichen Sie das? Ganz sicher nicht per Anweisung.

Wenn Sie wollen, dass der Mitarbeiter selber drauf kommt, geben Sie ihm Hausaufgaben. Sagen Sie ihm: «Ich möchte, dass Sie mir einen Statusbericht schreiben: Welche Tätigkeiten Sie gerade ausführen, was Ihr Beitrag zu unserem Hauptziel ist, welche Schwierigkeiten Sie bei diesem Beitrag sehen. In zwei Tagen werden Sie mir Ihre Erkenntnisse präsentieren.» Die zwei Tage braucht er, um mit Papier und Bleistift selber drauf zu kommen, dass und wobei überall er seine Zeit vertrödelt, womit er sich den ganzen Tag beschäftigt und womit er sich eigentlich beschäftigen sollte.

Wenn Sie den Mitarbeiter nicht dahin führen (daher: Führungskraft), dass er selber drauf kommt, sind Sie dazu verdammt, ihn ständig aufzuziehen. (siehe auch Kapitel 1: «Sie sind kein Aufziehmichel!», Seite 13)

Unserer Erfahrung nach kommen Mitarbeiter bei dieser Hausaufgabe selber drauf. Schließlich sind sie klug – sonst hätten Sie sie nicht eingestellt.

> **Merke**
> Der Mitarbeiter muss selber drauf kommen. Alles andere hilft nicht.

Damit wird klar, warum so viele Führungskräfte daran scheitern, ihre Leute «auf Linie» zu bringen.

Managementfolklore

«Auf zu neuen Ufern! Hier geht es lang! Wir sitzen alle im selben Boot!» Diese pathetischen Reden schwingen Führungskräfte auch deshalb so gerne, weil sie immer noch in den einschlägigen Ratgebern auftauchen: Man muss die Leute begeistern, mitziehen!

Doch seien wir ehrlich: Einheizer sind out. Den Einzigen, den Brandreden nachhaltig begeistern, ist der Manager.

Die Mitarbeiter reagieren zwar begeistert, aber nur kurzfristig. Danach erlischt das Strohfeuer: Es nützt nichts, es ihnen vorzuplappern. Sie müssen selber drauf kommen. Helfen Sie ihnen dabei.

> **Merke**
> Ein Feuer muss von innen kommen, damit es nachhaltig brennt.

Dieses Feuer kann man nicht herbeireden, das muss man die Leute selbst entzünden lassen. Geben Sie ihnen die Zündhölzer an die Hand – aber lassen Sie sie selber das Hölzchen reiben. Das fängt schon ganz früh an.

Ganz früh fokussieren

Wenn Mitarbeiter sich aufs Wesentliche konzentrieren sollen, muss ihnen erst mal klar sein, was das ist.

Operative Ziele ändern sich oft wöchentlich. Deshalb muss es ein wesentliches Jahresziel geben. Der Mensch denkt nun mal im Jahreszyklus. Deshalb ist es Unfug, dieses Jahresziel vor Weihnachten zu propagieren: zu viel Urlaub zwischen Ziel und neuem Jahr. Am besten ist der Januar, wenn alle wieder da sind.

Sagen Sie den Leuten: Das wollen wir im neuen Jahr erreichen, aber natürlich nicht so: «Die Geschäftsleitung will zu allem Überfluss auch noch von uns, dass … » Ihre Mitarbeiter müssen schon merken, dass Sie voll hinter dem Jahresziel stehen. Und dann kommt es auf Folgendes an:

Merke
Bei der Proklamation des Jahresziels redet ein Zehntel der Vorgesetzte, neun Zehntel die Mitarbeiter.

Ihr eigenes Zehntel besteht ungefähr daraus: «Was wir im letzten Jahr alles erreicht haben: … (Erfolg und Stolz motivieren). Für unser neues Ziel können wir davon gut gebrauchen: … (auf Stärken aufbauen). Das neue Ziel lautet: … Dorthin wollen wir, weil …, weil … und weil … (Einsicht motiviert).» Und damit ist dann auch schon Schluss Ihres Parts. Jetzt sind die Mitarbeiter dran. Erinnern Sie sich: Sie müssen selber drauf kommen. Und das können sie nicht, wenn Sie ständig reden.

Setzen Sie an der Mission an (siehe auch Kapitel 11): «Ich möchte von Ihnen wissen, worauf Sie in diesem Jahr stolz sein wollen.» Dieser Privatstolz ist nämlich die Ursache dafür, dass Mitarbeiter sich von «Kinkerlitzchen» von der eigentlichen Arbeit abhalten lassen. Diese «Flausen» können Sie ihnen nicht austreiben – Sie sollten sie lieber integrieren.

Tipp
Bringen Sie Unternehmensziel und Mitarbeiterziele zusammen.

Besser: Lassen Sie auch das die Mitarbeiter machen: «Wie weit weg sehen Sie sich heute von Ihrem Ziel? Wie können Sie es erreichen? Wo liegen die Schwierigkeiten? Und wie können Sie Ihr Ziel mit unserem Jahresziel zusammenbringen? Dann haben wir beide nämlich was davon.»

Sie können nicht verhindern, dass Mitarbeiter persönliche Ziele verfolgen. Aber Sie können beide Zielsysteme in Einklang bringen.

Das leuchtet alles ein? Leider widerspricht es allem, was Führungskräfte über Führung gelernt haben. Deshalb sollte, wer souverän führen möchte, einiges vergessen.

Gezieltes Vergessen

In Führungstrainings lernen Führungskräfte: Man muss das große Leistungsziel herunterbrechen und den Mitarbeitern in kleinen Häppchen servieren. Was Führungskräfte dort nicht lernen, ist die Sklavenmentalität, die sie damit provozieren. Wenn Mitarbeiter dagegen selbst das Herunterbrechen besorgen,

- sind sie weitaus motivierter bei der Zielverfolgung (weil sie das Ziel nicht vorgesetzt bekamen, sondern erarbeiten durften: Eigenengagement motiviert);
- entwickeln sie gleichzeitig bereits Kompetenz für das Ziel;
- identifizieren und beseitigen sie schon ganz zu Beginn Schwierigkeiten auf dem Zielweg;
- sagen sie überraschend oft: «Da ist aber noch mehr drin!»

Vergessen Sie am besten, dass man Mitarbeitern Ziele herunterbrechen muss. Das müssen sie selber machen.

Sie befürchten, dass das aus dem Ruder läuft? Das kann vorkommen. Dann können Sie immer noch «den Dampf reinlassen».

Aber in der Regel können Sie sich entspannt zurücklehnen und sagen: «Wow, ich wusste schon immer, dass mehr in meinen Leuten steckt.»

Natürlich: Es ist mühsamer, die Mitarbeiter selber an ihren Zielen arbeiten zu lassen. Vor allem, wenn sie bislang nur bevormundet wurden und verlernt haben, den eigenen Kopf zu gebrauchen. Wenn dieses Verlernen besonders veränderungsresistent ist, engagieren souveräne Führungskräfte gern einen externen Moderator. Doch so mühsam das Vorgehen am Anfang auch sein mag: Es ist zehnmal effektiver als der übliche Prozess der Zielvorgabe.

Ihre Mitarbeiter würden da nie mitmachen? Die Burschen sind nämlich gerissen und betreiben Underreporting?

Wenn Ihre Mitarbeiter tiefstapeln

«Wenn meine Mitarbeiter selber ihre Ziele herunterbrechen dürfen, dann gehen die auf Nummer sicher und bieten viel weniger an, als eigentlich nötig ist», melden viele Führungskräfte und fürchten, dass sie mit dem Mitarbeiter feilschen müssen. Warum Sie? Lassen Sie auch das einen anderen machen.

Wenden Sie sich an die anderen Mitarbeiter. Aber nicht, um den Tiefstapler vorzuführen, sondern um die Meinung der Kolleg-Innen einzuholen: «Welchen Beitrag liefert der Kollege für unser Ziel? Was ist positiv daran? Und was könnten wir darüber hinaus noch von ihm gebrauchen? Was müsste noch rein?» Die Kollegen kennen sich. Die wissen oft besser als der Chef, was einer eigentlich leisten könnte – und sagen das auch offen, weil sie möchten, dass sich keiner auf Kosten der anderen zurückhält.

Best Practice

Die Idee, Mitarbeiter selber die Zielarbeit leisten zu lassen, setzt sich in der Best Practice langsam durch. Wir waren neulich in einem Unternehmen, das dafür sogar ein eigenes Gremium aus Mitarbeitern geschaffen hat. Dieses Gremium hat keine andere Aufgabe, als das Ziel und die Zielanstrengungen im Auge zu behalten und regelmäßig den Führungskräften zu berichten. Das Gremium wurde beim Jahresanfangsmeeting gegründet.

Merke
Wer nur von oben steuern will, scheitert immer.

Selbstkontrolle muss Kontrolle von oben sinnvoll unterstützen. Mitarbeiter kontrollieren sich durchaus selbst gern und gut – sofern der Vorgesetzte eine sinnvolle Kontrollstruktur (zum Beispiel das Gremium) vorgibt und nicht das berühmte «Macht mal!» spricht.

«Der größte Mist aller Zeiten!»

Was aber, wenn Ihre Mitarbeiter auf die Unternehmensziele pfeifen? An diesem Pfeifkonzert leiden wohl die meisten Unternehmen in letzter Zeit. Die Unternehmensleitung verabschiedet ein Ziel – und die Mitarbeiter reagieren nicht wie erwartet hochmotiviert, sondern mit hämischen Sprüchen wie: «Der größte Mist aller Zeiten!»

Ein Bereichsleiter sagte uns mal achselzuckend: «Die Konzernleitung sieht unsere aktuelle Lage leider völlig anders als die Basis. Das ist ein Problem.» Nein, das ist die Lösung:

Tipp
Bringen Sie beide Weltsichten zusammen!

Aber nicht, indem die Mitarbeiter die Sicht der Geschäftsleitung übernehmen – das haut nicht hin. Souveräne Führungskräfte gehen intelligenter vor: «Jetzt mal frisch von der Leber weg: Was haltet Ihr von diesem Ziel?» Und dann lässt man die Mitarbeiter «auskotzen», wie das im Jargon heißt. «So ein Mist!», «Das haut doch nie hin!», «Das versuchen wir nun schon zum hundertsten Mal», «Die Konkurrenz ist sowieso viel schneller».

Merke
Souveräne Führungskräfte ermutigen die Mitarbeiter, ihrem Herzen erst mal Luft zu machen und sich zu erleichtern.

Schwache Vorgesetzte verteidigen die Unternehmensziele, «erklären» sie nochmals oder machen etwas Modisches: Sie zeigen auf, wo die Chancen liegen. Das beleidigt die Mitarbeiter: «Der hört uns nicht zu! Der nimmt uns nicht ernst!» Wenn die Mitarbeiter denken, dass ein Ziel Riesenmist ist, kann der Vorgesetzte nicht einfach sagen, dass aber auch jede Menge Chancen darin stecken. Deshalb:

Tipp
Hören Sie den Leuten nur zu und zeigen Sie Verständnis.

Paradoxe Führung

Verständnis heißt nicht: Recht geben. Wenn ein Vorgesetzter sehr souverän ist, hört er nicht nur zu und zeigt Verständnis, sondern lässt sich die Bedenken der Mitarbeiter im Detail erklären. Er fordert die Mitarbeiter sozusagen auf, in ihrer Ablehnung starke Stellung zu beziehen. Das ist paradoxe Führung.

Wer Widerstand zeigt, fühlt sich meist klein und schwach. Wenn Sie ihm diesen Widerstand ausreden wollen, machen Sie den Menschen noch kleiner, wodurch sein Widerstand noch größer wird. Bestärken Sie ihn jedoch in seinem Widerstand, wächst sein Selbstwertgefühl, und sein Widerstand schrumpft.

Nachdem Sie auf diese Weise die überschießenden Emotionen behandelt haben, sind die Leute wieder bei der Sache, und Sie können sich der Sache zuwenden: Behandeln Sie jeden Einwand sachlich. Zum Beispiel: «Herr Schmitt sagt, unser Außendienst ist mit diesem Ziel überfordert. Frage: Was genau kann der Außendienst leisten? Was nicht? Was brauchen die noch? Wie können wir sie unterstützen?»

Auf diese Weise wird aus Widerstand Unterstützung. Aus Bremsern werden Anschieber. Ganz nebenbei verbessern Sie Ihre Zielerreichung. Denn jeder Einwand bedeutet einen Aspekt, der behandelt werden muss, damit das Ziel erreicht wird. Die Mitarbeiter greifen ihre Einwände ja nicht aus der Luft! Wenn doch, fallen diese durch die eben skizzierte Vorgehensweise in sich zusammen.

Klingt gut? Was kostet Sie das?

Die Kosten

Wer möchte, dass seine Mitarbeiter ein ganzes Jahr lang konzentriert in eine Richtung ziehen, sollte so ein Jahresanfangsmeeting abhalten. Die Wirkung ist beachtlich – die Kosten auch: Es kostet schon ein, zwei Tage, bis die Mitarbeiter ihre Ziele heruntergebrochen und ihre Einwände ventiliert haben. Externe Anschubhilfe zahlt sich aus: Der Prozess läuft schneller an, so dass es im zweiten oder dritten Jahr dann auch ohne fremde Hilfe funktioniert. Viele Führungskräfte berichten uns von sehr angenehmen Nebeneffekten:

- «Ich fühle mich wesentlich entlastet.»
- «Ich kann mir die ganze Antreiberei das Jahr über sparen – die Leute sind vom Start weg motiviert.»
- «Die ganze Kontrolle, das Misstrauen und der Frust entfallen, weil meine Mitarbeiter sich jetzt weitgehend selber auf Kurs halten.»
- «Endlich entwickeln sie den Zug, den ich immer wollte!»

Auf einen Blick: Mitarbeiter souverän auf Linie bringen
Bringen Sie die Mitarbeiter dazu, dass sie von selbst darauf kommen.

> *«Immer hängt alles an mir.»*
>
> Seufzer des Managers

11. «Wie schaffe ich das alles bloß?»

Die meisten Manager stehen heutzutage unter immensem Leistungs-, Erfolgs-, Veränderungs- und Zeitdruck. Das hinterlässt Leidensspuren. Besonders oft hören wir:

- «Alle wollen gelobt werden – wer lobt mich?»
- «Ich soll die Mitarbeiter motivieren. Wer motiviert mich?»
- «Die ganze Verantwortung hängt doch an mir! Die anderen haben einen schlauen Job!»
- «Nüchtern betrachtet ist mein Arbeitspensum eigentlich gar nicht zu schaffen.»

Wer motiviert Sie? Das ist noch so eine Frage, die zu nichts führt. Hören Sie auf zu hoffen, dass Sie jemand rettet. Sie können sich nur selber retten.

Das klingt hart und unbarmherzig; das wissen wir. Doch die Praxis zeigt es täglich: Souveräne Führungskräfte hoffen nicht darauf, dass der Chef, die Kollegen oder die Kunden sie retten. Sie zeichnen sich dadurch aus, dass sie erwachsen (geworden) sind: Sie übernehmen nicht nur Verantwortung für ihre Deals und Projekte, sondern auch Verantwortung für sich selbst.

Übernehmen Sie also Verantwortung für sich selbst!

Das ist für viele (nur zu Beginn!) die schwerste Verantwortung ihres Lebens. Doch damit sind Sie schon halb raus aus dem Dilemma des Dauerdrucks. Das gilt insbesondere dann, wenn Sie (endlich) die Verantwortung für Ihre Motivation übernehmen.

Wer motiviert den Manager?

Einfache Antwort: der Manager. Natürlich ist es schön, wenn der Oberboss Ihre Leistung anerkennt, die Kollegen Sie bewundern und die Mitarbeiter Sie respektieren. Aber wenn die das mal nicht (ausreichend) tun? Sitzen Sie dann in der Ecke und schmollen?

Souveräne Führungskräfte verfügen über ein hohes Maß an Eigenmotivation. Der Vertriebsvorstand eines Anlagenbauers definierte das mal sehr schön: «Ein Manager, der sich selbst motivieren kann, ist einer, der sich voll reinhängt – egal, ob es dafür ein Eis am Stil oder einen fetten Bonus gibt.»

Souveräne Führungskräfte schätzen Boni und Anerkennung wie jeder andere Manager auch. Doch sie verfügen darüber hinaus über eine unerschütterliche Grundmotivation: etwas bewegen zu wollen, ihre Arbeit gut zu machen, einen Beitrag zu leisten.

Wenn souveräne Führungskräfte etwas bewegt haben und einen Scheck, ein Lob, ein Eis am Stil bekommen: gut. Wenn sie etwas bewegt haben und nichts dafür bekommen: auch gut – denn sie haben schließlich ihren Job gut gemacht. Das ist ihnen Lohn genug. Allein darauf kommt es (ihnen) an. Sie hätten gerne auch so eine unerschütterliche Grundmotivation? Machen Sie sich nicht lächerlich. Sie haben sie bereits.

Jede(r) hat diese Motivation. Bei einigen ist sie lediglich etwas verschüttet, bei anderen schwach ausgeprägt. Vor allem bei jenen, die sich jahrzehntelang nur extern, über Boni, Gehalt und Lob von außen motiviert haben. Doch eine Grundmotivation schlummert in jedem. Sie will lediglich geweckt werden.

Wo spüren Sie (andeutungsweise) diese ursprüngliche Grundmotivation? Suchen Sie nicht nur im Beruf nach diesem Drang – und dann kultivieren Sie ihn. Bis aus dem zaghaften Zögling eine mächtige Eiche geworden ist, die kein Sturm mehr umwerfen kann. Auch ein Eigenmotivationsrezept:

Tipp
Suchen Sie in jeder Aufgabe jene Komponenten, die Sie motivieren.

Ziehen Sie aus einer Aufgabe das heraus, was Ihnen etwas gibt. Bestes Beispiel ist ein Vertriebsleiter, der sagt: «Ich hasse den ganzen Verwaltungskram. Konnte mich nie dazu motivieren. Aber seit ich darin einen Wettstreit mit den Bürokraten im Controlling sehe, habe ich fast schon Spaß daran – und feiere jeden Sieg!» Ein Meister der Eigenmotivation.

Effizienzsteigerung ist ein Holzweg

«Wie schaffe ich das alles bloß?» Indem Sie noch mehr reinpacken in Ihren Arbeitstag, Ihre Zeitauslastung optimieren, effizienter zu werden versuchen. Wie geht es Ihnen dabei? Sie haben das Gefühl, dass Sie trotz aller Anstrengungen nie effizient genug sind? Bedenken Sie: Es ist unmöglich, der Überlastung durch Effizienzsteigerung beizukommen.

Manche Manager erkennen das 20 Jahre lang nicht. Manche kriegen eher einen Herzinfarkt. Dabei sagt schon die alte Managementweisheit: Gute Manager machen die Dinge richtig. Souveräne Führungskräfte machen die richtigen Dinge.

Oder noch einfacher: Work smart, not hard! Das heißt:

Tipp
Hören Sie auf, alle Dinge richtig machen zu wollen. Machen Sie lieber die richtigen Dinge – und delegieren Sie jene Aufgaben, die andere auch machen können.

Konzentrieren Sie sich auf das, was Sie wirklich belohnt, womit Sie ein Vermächtnis schaffen können, und – oh Wunder! – die Motivation macht Sprünge! Weil Sie sich jetzt nicht länger verzetteln, aufreiben, jedem Detail hinterherrennen (müssen). Anders gesagt: *Follow your mission!*

Folgen Sie Ihrer Mission

Wenn Sie morgen vom LKW totgefahren werden – oder, etwas profaner, darüber in der Rente nachdenken, wozu Ihr Leben gut gewesen ist – was möchten Sie der Welt hinterlassen? Was ist Ihre Mission hier auf Erden? (Auch wenn sich das abgehoben anhört.)

Was wollen Sie Ihren Kindern hinterlassen? Was Ihren Enkeln dereinst erzählen? Sortieren Sie erst einmal, wie viel von Ihrem Beruf und wie viel von Ihrem Privatleben in diesem Vermächtnis steckt. Woraus ziehen Sie die meiste Befriedigung für sich selbst? Die Eigenmotivation steigt bei diesen Überlegungen automatisch und spürbar – Überraschungen inklusive.

Denn viele Manager erkennen, dass ihr Beruf eigentlich nicht viel mit ihrer Mission zu tun hat. Andere erkennen dasselbe in ihrer Familie. Beides führt zu schmerzhaften, aber letztendlich befreienden und motivierenden Veränderungen.

> **Merke**
> Eigenmotivation beginnt nicht mit Sprüchen wie «Tschakka! Das schaffst du!», sondern mit der Wiederentdeckung der eigenen Mission im Leben. Man könnte das auch Sinn des Lebens nennen.

Es gibt kein Richtiges im Falschen

Wenn Manager Überlastung beklagen, dann liegt das selten an der Überlastung. Es liegt an der fehlenden Mission.

Das Phänomen begegnet uns besonders häufig im Mittelmanagement. Fast schon sprichwörtlich ist der Abteilungsleiter, der jetzt eine Abteilung leiten und den ganzen Verwaltungskram erledigen muss, im Grunde seines Herzens aber viel lieber Ingenieur, Tüftler, Erfinder, Entwickler, Techniker, Verkäufer, Monteur geblieben wäre. Er erkannte das damals aber noch nicht, als er der Verlockung von Gehalt und Status erlag. Die Statistik sagt, dass in den Lebensjahren 25 bis 40 rund jeder fünfte Manager dieser Versuchung erliegt und es hinterher teuer bezahlt – mit lebenslanger Demotivation.

Es sei denn, er wechselt den Kurs. Das muss nicht Rücktritt vom Führungsamt sein (das gibt es nicht im Business). Das kann schon mit einer Reorganisation hinhauen. Ein Vertriebsleiter verriet uns mal: «Seit ich weiß, dass ich am liebsten mit Kunden zu tun habe, habe ich 70 Prozent der Verwaltung meinem Assistenten gegeben – der liebt das! Ich aber kann drei Tage in der Woche A-Kunden gewinnen und pflegen. Super!» Seither war er nicht einen Tag lang demotiviert. Und über Leistungsdruck beklagt er sich auch nicht mehr. Warum auch? Er macht ja das, was er am liebsten macht: Akquirieren. Seine Abteilungsziele erreicht er trotzdem – weil ihn sein Spaß am Operativen auch fürs Strategische beflügelt.

Die Angst des Managers

Wenn Manager Überlastung beklagen, steckt unüberhörbar eines dahinter: Angst. Angst, es nicht zu schaffen. Angst, zu versagen. Angst, sich zu blamieren.

Manager haben Angst vor Konflikten – und meiden sie deshalb. Sie haben Angst, an ihrem Handeln gemessen zu werden – und werden deshalb passiv. Sie haben Angst, die falschen Entscheidungen zu treffen – und sitzen sie deshalb aus. Das ist eine typische

Reaktion auf Angst: Vermeidungsverhalten. So typisch wie die Ausreden, an denen sie jeder Mitarbeiter erkennt: «Ich bin noch nicht dazu gekommen!», «Da muss ich erst noch mit X Rücksprache nehmen!», «Das müssen wir erst noch gründlich analysieren». Vermeidungsverhalten erleichtert zwar kurzfristig, macht aber mittelfristig alles nur noch schlimmer. Doch es nützt nichts, vor der Angst davonzulaufen. Im Gegenteil: Wo die Angst ist, ist der Weg.

Um diesen Weg zu gehen, sollten Sie sich unbedingt einen guten Tag aussuchen. Einen, an dem Sie sich gut fühlen und viel Belohnung bekommen haben. Derart gestählt, gehen Sie das ängstigende Objekt an: die quälende Kündigung, die unsichere Entscheidung, die lange aufgeschobene Aufgabe, das unangenehme Kritikgespräch …

Das Witzige daran: Hinterher fühlt man sich nicht wie durch den Fleischwolf gedreht – was viele Manager fürchten –, sondern befreit und wirklich gut. Weil man daran wächst, sich seinen Ängsten zu stellen.

> Es ist belastend, sich seinen Ängsten zu stellen. Aber noch viel belastender ist, es nicht zu tun.

Übrigens gibt es dafür professionelle Unterstützung: Executive Coaching.

Das Beatles-Prinzip

Ein Controllingleiter kriegt von der Geschäftsleitung die Aufgabe, jetzt auch noch die ausländischen Lieferanten zu controllen, zwecks Insolvenzrisiko-Überwachung. Er seufzt den Seufzer aller überlasteten Manager: «Wie soll ich das auch noch schaffen?» Falscher Ansatz. Denn je mehr er in seinen ohnehin vollgepackten Tag noch reinpackt, desto mehr Dinge kann er nur noch halb richtig tun. Er sollte das Gegenteil tun:

Anstatt sich zu fragen, wie Sie das alles auch noch schaffen können, fragen Sie sich doch mal: Was mache ich alles nicht mehr?

Der Controllingleiter versteht das nicht auf Anhieb, weil dieser Gedanke für einen Manager, der sich gewohnheitsmäßig durch alles durchwühlt, was so anfällt, zu ungewohnt ist. Deshalb fragen wir ihn danach, was ihn am meisten Zeit kostet: «Die Listen! Ich muss jeden Monat 40 Listen führen lassen!» Wie viele davon werden von den Fachabteilungen oder der Geschäftsleitung tatsächlich gelesen? «Äh, gute Frage.» Es stellt sich heraus, dass es sage und schreibe bloß fünf sind (kein unübliches Resultat).

Diese fünf wird er auch künftig führen (lassen). Auf die restlichen wendet er das Beatles-Prinzip an: Let it be! Lass es sein. Damit gewinnt er jede Menge Zeit für neue Aufgaben.

«Aber das fällt doch auf, wenn ich Arbeiten einfach untern Tisch fallen lasse!», wenden Ängstliche manchmal ein. Nein. Im Gegenteil: Nach den meisten Dingen, die Sie unter den Tisch fallen lassen, kräht kein Hahn. Kräht tatsächlich mal einer, können Sie Ihr Tun wunderbar via Prioritäten belegen: «Das hat gerade keine vorrangige Priorität.» Man ist nicht Manager, um es jedem recht zu machen.

 Nehmen Sie sich Ihre Aufgaben vor und fragen Sie sich: Was läuft nicht mehr, wenn ich diese Aufgabe storniere?

Meist dreht die Welt sich auch so weiter. Sie müssen übrigens nicht immer etwas Neues hereinnehmen für etwas Altes, das Sie rauswerfen. Souveräne Führungskräfte wollen mehr.

Mehr wollen: Mehr freie Zeit!

 Tipp
Werfen Sie Altes raus und nehmen Sie dafür nichts Neues mehr herein!

Das ist revolutionär? Allerdings. Was machen Sie in der gewonnenen Zeit? Sie nehmen sich frei.

Sie nehmen sich frei, um das Schwerste zu tun, was ein Manager tun kann: Füße hochlegen und in Ruhe nachdenken. Dafür werden Sie eigentlich bezahlt. Sie werden nicht dafür bezahlt, Schrauben schneller einzudrehen als Ihre Mitarbeiter oder schneller zu programmieren als die Programmierer.

Management setzt Nachdenken voraus. Verschaffen Sie sich den Freiraum dafür. Natürlich ist das schwer. Leichter wäre, zu sagen: «Das mache ich, wenn ich mal Zeit dafür habe.»

Aber wir alle wissen: Das wird nie passieren. Souveräne Führungskräfte sind deshalb Meister darin, die Ellbogen auszufahren und sich Freiraum zum Nachdenken zu erkämpfen. Freiraum, jene Gespräche zu führen, die sie strategisch weiterbringen, oder jene Informationen auszugraben, die übers Tagesgeschäft hinausführen. Im Schnitt sollte dieser Freiraum einen Tag pro Woche, Minimum einen Tag pro zwei Wochen ausmachen.

Sie schmunzeln?

Ja, die meisten Führungskräfte haben Angst, dass sie einer dabei erwischt, wie sie sich diesen Freiraum nehmen, und dabei das Gerücht entsteht, sie würden nichts arbeiten. Deshalb ergehen sich viele Manager so ungestüm in operativer Hektik und wirbeln unproduktiv Staub auf. Management by Helikopter: runtergehen, Staub aufwirbeln, wieder abheben.

Es ist immer leichter, den Telefonhörer abzunehmen oder noch eine Aufgabe zu übernehmen, als sich aus der Hektik auszuklinken und über die Strategie nachzudenken.

Eine Geschäftsführerin erzählt: «Es fällt mir oft schwer, zu sagen: Nein, dieses Gespräch führe ich jetzt nicht. Das ist anstrengend.» Aber es ist das, was souveräne Führungskräfte tun: sich frei zu machen vom Operativen und unbeirrbar auf ein übergeordnetes Ziel hinzuarbeiten.

Was steht auf Ihrem Grabstein?

«Wenn du so weitermachst, wo führt das noch hin?» Ach, wie oft sagen das Partnerinnen und Kollegen zu einem gestressten Manager! Und wie wenig das nutzt.

Menschen schauen nicht gerne in die Zukunft. Vor allem, wenn sie bedrohlich ist. Genauso wenig nutzt die Frage: «Wie wollen Sie das künftig ändern?» Da fallen einem normalerweise noch vor den Lösungen erst mal die Hindernisse ein. Früher stellten wir oft die Frage: «Okay, was können Sie im nächsten Halbjahr tun, um Ihren Stress zu reduzieren?»

Darauf bekamen wir immer Antworten wie: «Weiß auch nicht, das ist schwierig.»

Deshalb fragen wir heute: «Wenn wir Sie in einem halben Jahr wieder treffen und Sie waren inzwischen sehr erfolgreich bei der Stressreduktion, was würden Sie uns darüber berichten, was Sie alles geändert haben? Was war wichtig dabei? Was war schwierig?

Das ist ein sehr wirksamer Denktrick: Menschen können sich die Zukunft sehr viel besser vorstellen, wenn sie sie quasi im Rückspiegel betrachten. So überwindet man die Temporalmauer, die sich manchmal zwischen uns und unsere Wünsche stellt. Der Sprung über die Mauer ist einfacher und wirksamer als die übliche Extrapolation aus dem Präsens heraus.

Noch ein Trick: Problemlösen

Der Vorstand eines Unternehmens rief uns, weil weite Teile seines Mittelmanagements den aktuellen Problemen in der Branche nicht gewachsen waren. Und tatsächlich sagten die Manager Dinge wie: «Wir haben ein Riesenproblem: Wie sollen wir bei dieser Marktlage 20 Prozent mehr Umsatz holen?» Das Resultat dieses Unvermögens war Stress, Druck und miese Stimmung. Allein schon, wenn das Wort «Problem» fiel, zuckten die Manager zusammen.

Also brachten wir den Managern bei, zu sagen: «Es ist mir ein Rätsel, wie ich diesen Markt erschließen soll. Und dieses Rätsel löse ich jetzt!» Oder: «Ich habe da ein Rätsel für uns: Wie schaffen wir 20 Prozent mehr Umsatz?» Oder: «Es ist mir ein Rätsel, wie ich meinen Job behalten kann.»

Das Ergebnis war verblüffend: Nachdem die ersten Sprachhemmungen überwunden waren, nahm der Problemdruck bereits beim Aussprechen der Worte ab und die Leute hatten wieder den Nerv, sich dem Problem, hoppla, dem Rätsel zu stellen. Das ist der Reiz des Rätsellösens.

Häufigster Einwand gegen dieses *Reframing* (wörtlich: Rahmenwechsel): «Aber ein Rätsel hat immer eine Lösung, ein Problem oft nicht!»

Ach ja? Es ist doch gerade umgekehrt: Im Kreuzworträtsel passt immer nur eine Lösung – in der Realität passen Dutzende! Es gibt zum Beispiel viele Möglichkeiten, selbst in einem saturierten Markt noch irgendwo etwas rauszuholen.

Tipp

Stellen Sie sich vor, Ihr Rätsel hat irgendwo doch eine Lösung – und Sie packen sie nicht an!

Weil Sie glauben: «Es gibt keine!» Das stimmt nicht. Das suggeriert Ihnen bloß die Problemtrance.

Das Helfer-Syndrom

Die unbequeme Wahrheit zum Schluss: Viele Manager sind auch deshalb chronisch überlastet, weil sie das brauchen. Sie brauchen den Kick, gebraucht zu werden, zu wirbeln, hundert Dinge gleichzeitig zu tun. Arbeit und Erfolg als Droge? Mag sein, doch es gibt einen Ausweg: Welche Dosis möchten Sie sich zumuten?

Wer geneigt ist, diese Frage zu ignorieren, sei daran erinnert:

Entweder das Subsystem Gesundheit (Sie erkranken) oder das Subsystem Familie (Entfremdung, Scheidung). Sicher ist: Wenn Sie das nicht regeln, passiert immer etwas.

Souveräne Manager geben ihr Schicksal nicht aus der Hand. Sie nehmen es selbst in die Hand. Bestimmen Sie, wo's langgeht, oder bestimmen das die Umstände? Schwache Führungskräfte wenden gerne ein: «Ich würde ja schon gerne, aber ich habe so viel zu tun, da kann ich doch nicht ...» Das mag sein, doch das ist auch so ein Spruch, den Sie Ihren Mitarbeitern am liebsten um die Ohren hauen würden, wenn die damit ankommen. Denn sie wissen nur zu genau: Nicht wie der Wind weht, sondern wie ich die Segel setze, bestimmt den Kurs.

Niemand hat gesagt, dass das leicht sei: Souverän segeln ist wie souverän führen auch – eine Kunst.

Auf einen Blick: Souveränes Self-Management

Hoffen Sie nicht auf andere! Übernehmen Sie selbst die Verantwortung für Ihre Motivation, Ihre Arbeitsbelastung, Ihre Aufgabenverteilung, vor allem: Ihre Mission.

12. «Wie treffe ich die richtige Entscheidung?

Manager fürchten Entscheidungen. Zu Recht. Im Topmanagement gilt vielerorts: «Zwei Fehlentscheidungen, und du bist raus.» Der Vorstand eines Anlagenbauers erzählt: «Ein Kollege bekam unser China-Projekt nicht vom Boden. Keiner hat ihn offiziell degradiert. Aber jetzt ist er Chef der Lagertechnik. Bei uns ist das Abstellgleis.»

Warum liegen so viele Manager vor und nach wichtigen Entscheidungen nachts wach? Weil die Zweifel quälen und jede Entscheidung ein Dilemma ist: Egal, wie man entscheidet, es könnte falsch sein.

Entscheidungsgrundlage	Zweifel
«Die Fakten sind eindeutig.» (Entscheidungsgrundlage Fakten)	«Aber trotzdem habe ich ein blödes Gefühl dabei.»
«Ich bin begeistert von dieser Idee!» (Entscheidungsgrundlage Bauch)	«Aber ich weiß nicht, ob sich das rechnet.»
«Das haben wir schon immer so gemacht!» (Entscheidungsgrundlage Erfahrung)	«Aber wer sagt mir, ob das diesmal auch wieder hinhaut?»

Merken Sie was? Egal, wie man entscheidet, man könnte falsch liegen. Verlässt man sich auf die Fakten, kann der Bauch rebellieren –

und umgekehrt. Verlässt man sich auf seine Erfahrung, könnte die Faktenlage sich geändert haben. Ein echtes Problem: Wenn Sie garantiert eine Fehlentscheidung treffen möchten, verlassen Sie sich auf Erfahrung oder Kopf oder Bauch. Ein Problem, das seine Lösung schon mitbringt: Wenn Sie sicher sein möchten, die richtige Entscheidung zu treffen, bringen Sie Kopf, Bauch und Erfahrung zusammen. Wie?

Erfahrung, Kopf und Bauch

Viele Führungskräfte sagen vor Entscheidungen: «Das hat noch nie funktioniert!» Oder: «Das haben wir schon immer so gemacht!» Gut, wenn Sie über so viel Erfahrung verfügen. Falsch, wenn Sie allein darauf bauen. Denn Erfahrung ist nur ein Drittel einer sicheren Entscheidung.

Würdigen Sie Ihre Erfahrung. Aber verhelfen Sie danach Ihrem Kopf zu seinem Recht. Checken Sie die Fakten ab. Meist sind diese komplex. Ein guter Komplexitätsfilter ist auch die Frage: Ist dieser Fakt wesentlich – ja oder nein?

Sortieren Sie die Fakten: *Das* ist wesentlich, *das* nicht, *das* hilft bei der Lösung, jenes eher nicht … Das Sortieren befriedigt den Kopf. Jetzt kommt der Bauch.

Fragen Sie sich: Gefällt mir das oder nicht? Kann ich damit gut leben oder nicht? Entscheide ich mich dafür nur mit Bauchweh oder fällt mir die Entscheidung auch emotional leicht?

Der Dreisprung: Ein simples Entscheidungsmodell

Sie wissen jetzt, was eine sichere Entscheidung ausmacht. Wie kommen Sie dahin? Bewährt hat sich folgender Ablauf:

- Erst einmal Erfahrung und Verstand befragen. Alle Fakten sammeln und kritisch würdigen. Alle Optionen herausarbeiten.
- Dann eine Nacht darüber schlafen und am anderen Tag aus dem Bauch heraus entscheiden.

Wichtig ist, dieses Modell bewusst einzusetzen: «Heute werde ich alle Daten zusammentragen und die Erfahrungswerte checken. Und Morgen werde ich entscheiden.»

Entscheidertypen

Hört sich alles logisch an. Warum machen das dann so wenige? Weil es nicht nur auf die Entscheidungstechnik ankommt, sondern auch auf den Entscheidertyp. Wir unterscheiden vier:

- Der Hin- und Hergerissene
- Der Macher
- Der Kopfmensch
- Der Profi

Der Hin- und Hergerissene …

… zögert und zaudert vor Entscheidungen, schiebt sie auf die lange Bank, entscheidet erst in letzter Sekunde – und bereut oder revidiert seine Entscheidung danach oft.

Wenn Hin- und Hergerissene zum Beispiel Personalentscheidungen treffen müssen, machen sie sich endlos Sorgen darum, ob sie jetzt auch ja den Richtigen eingestellt haben: «Zeugnis und Lebenslauf sprechen für ihn, aber trotzdem weiß ich nicht so recht. Ich hab da so ein komisches Gefühl.» Wenn Sie wissen, dass Sie bei Entscheidungen (manchmal) hin- und hergerissen sind, beenden Sie diese Zerrissenheit mit folgendem Remedium: Geben Sie sich die Erlaubnis für ein gesundes Bauchgefühl.

Vielleicht müssen Sie Ihres erst noch entdecken. Denn bei vielen ist es verschüttet – weil es bei Entscheidungen so selten berücksichtigt wurde. Noch ein Ratschlag:

Tipp
Sprechen Sie über Ihr Bauchgefühl mit anderen.

Sie werden die überraschende und erleichternde Erfahrung machen: Andere haben oft ähnliche Gefühle bei der Entscheidung.

Der Macher ...

... entscheidet aus dem Bauch heraus. Der klassische Patriarch entscheidet so: intuitiv, emotional, temperamentvoll, begeisterungsfähig. Nachteil: Der Macher liegt mit Entscheidungen häufig daneben, weil er in seiner Begeisterung schlicht Fakten übersieht oder fehleinschätzt. Die Abhilfe ist ähnlich wie beim Hin- und Hergerissenen: Sie müssen drüber reden.

Andere Menschen werden Sie recht schnell darauf aufmerksam machen, wenn Sie vor Emotionalität gewisse Fakten übersehen haben. Klingt einleuchtend? Das Problem ist nur: Macher wollen das nicht hören! Sie wollen nicht über Entscheidungen reden, weil ihr Gefühl sie fortreißt und weil sie glauben, dass Reden ein Zeichen von Unsicherheit ist. Unsicher? Ein Macher? Das geht doch nicht! Falls auch Sie unter dieser Entscheidungsschwäche leiden:

Tipp
Erinnern Sie sich daran, dass allein Sie die Entscheidung treffen – egal, mit wie vielen Sie auch darüber reden.

Sie entscheiden immer – Sie nehmen von anderen lediglich Daten und Fakten in Ihre Entscheidung auf, die Sie vorher übersehen hatten.

Der Kopfmensch ...

... verlässt sich allein auf seinen Verstand. Meist ist er jung, dynamisch und voller Begeisterung für seinen Job. Er arbeitet gerne, ist voll auf Leistung getrimmt. Trotzdem liegt er oft daneben, weil er seinen Bauch ignoriert.

Seine Körpersignale nimmt er erst dann wahr, wenn sie bereits zu Magengeschwüren, Tinnitus, Spannungskopfschmerzen, Bluthochdruck, Bandscheibenvorfällen oder anderen Symptomen ausgewachsen sind. Dass diese Symptome in ursächlichem Zusammenhang mit seinen unterdrückten Gefühlen stehen, ist für ihn ein nicht immer erfolgreich verlaufender Lernprozess. Wenn Sie so reagieren, dann empfehlen wir Ihnen, bei Entscheidungen auch ganz bewusst und anfänglich mit tierischer Anstrengung auf Ihre körperlichen Empfindungen zu achten: Wo zwickt's, drückt's, spannt's?

In der Regel klappt das anfangs überhaupt nicht, weil der Kopfmensch glaubt, sein Körper sei nur dazu da, sein Hirn durchs Büro zu tragen. Körperintelligenz ist für ihn ein Fremdwort. Doch wer sich (auch mit Hilfe von Bewegungsangeboten oder Sport) Mühe macht, seine Entscheidungsschwäche zu überwinden und sein Körpergefühl wahrzunehmen, wird nach und nach eine Intelligenz entdecken, die neben seinem Verstand existiert und für sichere Entscheidungen unerlässlich ist.

Der Profi …

… entscheidet stets gelassen und selbstsicher, ohne Kopfzerbrechen oder Bauchweh. Er schläft vor und nach Entscheidungen gut, weil er bei jeder Entscheidung Kopf, Bauch und Erfahrung in Einklang bringt, und zwar ganz bewusst. Er hat dafür ein inneres Abstimmungsmodell etabliert, das bei jeder Entscheidung still mitläuft. Wohlgemerkt: Er weiß, dass er sich auch irren kann. Doch er schläft gut, weil er sich sicher ist, dass er die beste aller möglichen Entscheidungen trifft. Das würden Sie auch gerne?

Es ist noch kein Meister vom Himmel gefallen. Übung macht den Meister. Entscheiden lernen Sie nur beim Entscheiden. Also legen Sie los! Trainieren Sie. Bitte am Anfang gerade auch anhand von Alltagsentscheidungen.

Sie werden heute wieder zwischen 20 und 50 große und kleine Entscheidungen treffen: reichlich Gelegenheit zum Training. Viel Spaß und Lernerfolg dabei!

Sie haben aber trotz Trainings noch Bammel vor großen, schweren, wichtigen Entscheidungen?

Die Angst vor der Entscheidung

Angst vor Entscheidungen haben alle. Selbst die Profis manchmal. Das ist normal. Angst ist ein Zeichen von Intelligenz. Jede Angst ist erst einmal berechtigt. Sie sollten auf keinen Fall die Angst verdrängen, das ist ein Bumerang. Was Sie bekämpfen, wird nur stärker. Außerdem provozieren verdrängte Ängste schlechte Entscheidungen.

Verdrängen Sie Angst nicht. Auch Angst ist ein Bauchgefühl. Gehen Sie verantwortungsvoll damit um, indem Sie immer erst Ihre innere Befindlichkeit abfragen.

Tipp:

Prüfen Sie sich: Auf einer Skala von 0 (absolut angstfrei) bis 10 (Panik!): Wie groß ist meine Angst?

Die Frage ist ein reaktives Messinstrument: Sie verändert, was sie misst. Oft sagen Führungskräfte uns: «Als ich die Skalenfrage stellte, bemerkte ich erleichtert, dass es ja ‹nur› eine 6 ist.» Wenn Ihnen das noch zu hoch ist, gehen Sie einen Schritt weiter und fragen sich: *Wie würde ich entscheiden, wenn ich keine Angst hätte?*

So plump der Trick erscheint, mit einer rationalen Frage einem emotionalen Phänomen beizukommen, er wirkt: Er bewirkt, dass Sie die Angst für einige Zeit in die Ecke stellen und Ihre Optionen rational bewerten können, was bislang die Angst verhinderte oder beeinträchtigte. Dabei kehren auch Ihr Mut und Ihr gesunder Menschenverstand zurück, und Sie können richtig entscheiden. Auch ein gutes Rezept:

Tipp

Fragen Sie sich: Was könnte mir allerschlimmstenfalls passieren?

Angst ist nämlich meist diffus, abstrakt und pauschal. Zwingen Sie sie sanft, doch bitte konkret zu werden. Viele Führungskräfte erzählen: «Ich hatte Panik, als ob mein Job in Gefahr wäre! Dabei habe ich völlig übersehen: Selbst wenn ich voll danebengreife – für so eine Panne hat der Vorstand noch nie einen gefeuert!» Na bitte. Die meisten Ängste entpuppen sich bei Konkretisierung als nicht so schlimm, wie gefühlt.

Noch ein Rezept ist die Frage nach dem Lohn für Ihre Entscheidung.

Jede Entscheidung lohnt sich. Dieser Lohn, sobald Sie ihn sich bewusstmachen, reduziert die Angst weiter. Und jetzt die Abschlussfrage:

Nachdem Sie Ihre Angst nun «behandelt» haben, welchen Wert zwischen 0 und 10 hat sie jetzt?

Sie werden die Erfahrung machen: immer einen deutlich reduzierten Wert. Und für diesen gilt, dass der «Restwert» keine Angst mehr ist, sondern Risikovorsorge. Angst ist nämlich keine Störung (als die sie leider oft gesehen wird), sondern ein nützliches Warnsignal.

Tipp:

Fragen Sie sich: Wovor warnt mich meine Angst? Vor welchem Risiko? Und wie kann ich Risikovorsorge treffen? Was muss ich beachten, damit es mir gut geht?

Was der Laie Angst nennt, nennt der Experte Risk Management. Und plötzlich ist die Angst keine blockierende mehr, sondern eine entscheidungsunterstützende. Ihr persönliches Risk Management hat die Angst in einen positiven, förderlichen Faktor verwandelt.

Trotzdem können Sie immer noch Fehlentscheidungen treffen – davor ist auch kein absoluter Profi gefeit.

Mit Fehlentscheiden fertig werden

Ob Fehlentscheidungen eine Katastrophe oder einfach nur ein Fehlgriff sind, hängt entgegen landläufiger Meinung nicht vom Umfang des Schadens ab, sondern maßgeblich von Ihrer persönlichen Fehlerkultur.

Aktenkundig ist der Fehler eines jungen Abteilungsleiters, der IBM einen Millionenbetrag kostete. Der Young Professional bewies Rückgrat und bot umgehend seine Kündigung an. Der IBM-Vorstand lehnte mit der Begründung ab: «Wir haben eben einen Millionenbetrag in Ihre Ausbildung investiert. Da lassen wir Sie doch nicht ziehen!» Fast jeder Manager kennt die Story. Warum? Weil sie die einzig richtige Fehlerkultur ist.

Es gibt keine Fehler. Nur Verbesserungsoptionen. Nutzen Sie sie? Viele Manager tun das nicht. Sie verdrängen und vertuschen Fehler und schieben sie auf die Mitarbeiter, die Konkurrenz, die Umstände. Das ist deshalb so kläglich, weil ihnen das nicht mal der Azubi in der Buchhaltung abnimmt. Jeder merkt, dass so ein Manager kneift. Total unsouverän.

Fliegt ein Fehler auf, ducken sich schwache Manager und bedeuten: «Ich war's nicht!» Oder: «So schlimm ist das doch nicht!» Die Taktik kommt aus dem Kindergarten und wird auch als solche erkannt.

Merke

Souveräne Manager stehen zu ihren Fehlern, stehen ihren Mann, machen sich nicht klein und verdrücken sich, sondern bleiben mittendrin: Daran wächst man, das macht souverän.

Wie machen die das? Vorbildhaft.

So geht Fehlermanagement

Checkliste Fehlermanagement

1. Begegnen Sie «Fehlern» offensiv: «Jawoll, das lief schief!» Das weckt Aufmerksamkeit und Respekt. Jeder denkt: «Starker Auftritt!» Denn kein Schwächling traut sich so was zu.

2. Benennen Sie ungeschminkt Ausmaß und Auswirkungen – bevor es andere tun und dabei haltlos übertreiben, um Sie anzuschwärzen. Diese Offenheit nimmt Ihren Gegnern den Wind aus den Segeln und stärkt Ihre Position.

3. Wie kam ich zu dieser Entscheidung? Bitte keine Rechtfertigung oder Entschuldigung! Das schwächt. Einfach nur die Faktenlage und Erfahrungswerte vor der Entscheidung nennen. Message: Jeder hätte aufgrund dieser Datenlage so entschieden wie ich.

4. Was ich daraus gelernt habe: … Das heißt: Andere können noch was von Ihnen lernen! Sie haben eigentlich keinen Fehler gemacht, sondern einen Lernprozess initiiert.

5. Was mache(n) ich/wir jetzt, damit es weitergeht?

6. Was wir als Abteilung/Unternehmen daraus lernen können.

7. Gegebenenfalls: bei persönlich Betroffenen entschuldigen und Wiedergutmachung in die Wege leiten.

Je öffentlicher Sie so Ihre «Fehler» bearbeiten, desto souveräner wirkt das und desto weniger Gegenwind bekommen Sie.

Führungskräfte, die nach diesem Muster verfahren, berichten uns: «Hätte ich nie gedacht: Ich mache einen Fehler und komme sogar gestärkt aus der Sache raus! Die Kollegen hacken nicht auf mich ein! Oder zumindest wesentlich weniger als sonst. Manche unterstützen mich sogar. Selbst wenn mir einer Druck machen möchte, kann ich ihn austricksen, indem ich sage: Lieber Kollege, das habe ich doch alles schon gesagt. Aber schön, dass Sie mir beipflichten.»

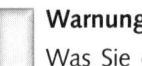

Warnung

Was Sie eben lasen, ist das weitaus wirksamste Fehlermanagement. Doch es erfordert Training.

Denn wir sind alle zu Feiglingen erzogen worden. Fehler gemacht? *Cover your ass!* Sich das abzugewöhnen kostet etwas guten Willen und Zeit – dafür lohnt es sich immens.

Leichter entscheiden

Wann müssen Sie entscheiden? Wenn die Situation es erfordert. Welche Situation? Wenn Sie die Situation kennen, kennen Sie die Entscheidung.

Das folgende Modell hilft Ihnen dabei:

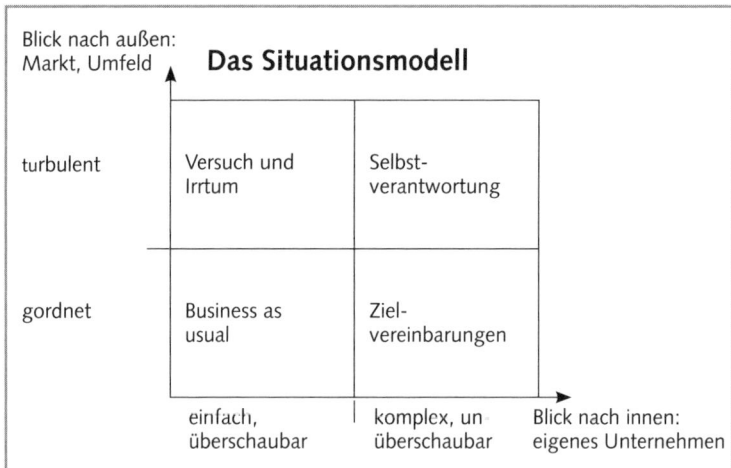

Business as usual

Wie entscheiden Sie am besten, wenn der Markt (Ihr externes Entscheidungsumfeld) geordnet und die Verhältnisse in Ihrem internen Entscheidungsumfeld überschaubar sind? Erfahrene Manager machen es automatisch: Sie machen Business als usual.

Das ist durchaus angebracht und hat seine Vorteile: Man kann sehr schnell entscheiden. Nachteil: Sie werden schnell abgehängt, wenn Sie Business as usual praktizieren. Schützen Sie sich davor, indem Sie 08/15-Entscheidungen an der Best Practice und/oder an Benchmarks messen und Innovationspotenziale aufdecken und nutzen.

Zielvereinbarungen

Das Marktumfeld ist geordnet, aber in Ihrem Firmenumfeld geht es turbulent zu. Die interne Situation ist unüberschaubar. Business as usual verschärft den Status Quo. Hier helfen nur Zielvereinbarungen: Ziehen Sie klare Grenzen ein und setzen Sie den Rahmen, wo bislang Unübersichtlichkeit regierte.

Selbstverantwortung

Intern ist die Lage so komplex wie extern. Das empfinden Manager als die misslichste Entscheidungssituation. Die meisten stochern im Nebel: Alles ist einfach total unklar. Viele entscheiden da rein aus dem Bauch heraus.

Wie gefährlich das ist, wissen wir inzwischen. Besser ist: loslassen und Teile der Entscheidungsverantwortung an die Leute an vorderster Front delegieren.

Die Entscheidung teilweise aus der Hand geben? Davor schrecken viele Manager zurück und ziehen reflexhaft die Zügel an, um zumindest intern dem Chaos Herr zu werden. Was dabei herauskommt, haben Sie sicher schon beobachten können: Das Chaos nimmt noch zu. Warum? Weil sich in komplexen Situationen die Menschen (und meist die Umstände auch) gegen eine von oben aufgezwungene Lösung sträuben. Und wer sich sträubt, arbeitet nicht mehr an der Lösung des Problems. Besser ist, die Leute, die im direkten Kontakt mit dem Problem stehen, zur Eigenverantwortung zu verpflichten.

Ein Beispiel: China liefert plötzlich sehr mangelhaft. Der Einkaufsleiter muss entscheiden, ob er China Sourcing herunterfährt oder nicht. Das kann er nicht. Die Lage ist völlig undurchsichtig, im Unternehmen bekriegen sich die Fraktionen. Da sagt er zu seinen Einkäufern in China: «Entscheidet ihr für jeden einzelnen Mängellieferanten einzeln: Drin behalten oder rauswerfen?» Das ist die einzig sinnvolle Lösung. Jede Pauschallösung von der deutschen Konzernzentrale aus hätte in der einen oder anderen Richtung Riesenschäden angerichtet.

Versuch & Irrtum

Der Markt ist turbulent, aber intern ist die Situation überschaubar: Wie kommen Sie zur besten Entscheidung? Indem Sie sich irren. Für einen turbulenten Markt hat niemand ein Patentrezept.

Leider glauben viele Manager immer noch ans Patentrezept: Je turbulenter der Markt, desto heftiger vertrauen sie bei ihrer Entscheidungsfindung den sogenannten Experten. Damit sichert man sich intern ab: «Aber die Experten haben das so empfohlen!» Doch inzwischen haben «die Experten» im Management einen schlechten Ruf: Sie irren zu oft (siehe das Frühjahrsgutachten der Wirtschaftsforschungsinstitute). Warum? Weil Experten nur allzu oft auf das Altbekannte rekurrieren. Und was gestern half, hilft in turbulenten Märkten selten.

Daher: Gehen Sie raus aus eingefahrenen Spuren und wagen Sie Neues mit kalkuliertem Risiko. Nach ein bis zwei Versuchen wissen Sie besser als jeder Experte, wie der Markt läuft, und treffen mit dem dritten Schuss ins Schwarze.

Der größte Feind des Managers

Jeden Tag können Zeitungsleser von Fehlentscheidungen bekannter Manager lesen, bei denen sogar der Wirtschaftslaie denkt: «Wie kann diesem erfahrenen Mann ein derart gravierender Fehler unterlaufen?» Die Antwort darauf ist einfach: Wir alle tragen Fehlentscheidungsmuster mit uns herum. Der einzige Unterschied zwischen schwachen und souveränen Managern ist: Souveräne Manager kennen ihre Entscheidungsschwächen und umgehen sie.

Eine der häufigsten ist die Tendenz zur Mitte: «Was wollen Sie? Das habe ich ja noch nie gehört! Auf derart Exotisches lasse ich mich nicht ein!» Schon falsch. Wer «Exotisches» von vorne herein aussortiert, verzichtet auf Quantensprünge, Innovationen, Radikallösungen.

Fragen Sie lieber: Wenn wir diese «verrückte» Idee realisieren würden – was könnte schlimmstenfalls passieren? Ist das überhaupt realisierbar? Ohne «verrückte Ideen» würden wir heute noch mit Pferdekutschen reisen. Aber: Mut braucht es, aus der kuscheligen Mitte auszubrechen. Schwache Manager treffen lieber mit der Masse eine Fehlentscheidung, als die kuschelige Schafherde zu verlassen – aus diesem Grund haben auch fast alle Trader die amerikanischen Schrott-Hypothekardarlehen gekauft. Nur die souveränen Führungskräfte hatten den Mut, aus der kuscheligen Horde auszubrechen, sich dem Herdentrieb zu verweigern – und die kaputten Banken danach aufzukaufen.

Ein weiterer häufiger Fehler ist die Übergewichtung: «Natürlich könnten wir uns das leisten – aber wir krempeln doch nicht den halben Vertrieb dafür um!» Bei jeder Entscheidung pickt sich (mindestens) einer ein Kriterium heraus (meist Aufwand oder Kosten) – und überbewertet es total überzogen. Warum? Weil sein Bauch mit ihm durchgeht. Es hilft hier, zu fragen: Wie wichtig ist dieses Kriterium für unsere Entscheidung tatsächlich? Ist es so schwergewichtig, wie suggeriert wird? Wie hoch sind die tatsächlichen Kosten nach gewissenhafter Kalkulation?

Wie leicht lassen Sie sich leimen?

Das Problem ist: Sie können als Manager nicht unbehelligt entscheiden. Immer wird es welche geben, die Ihnen reinreden oder gar in die Suppe spucken wollen. Ein beliebtes Manipulationsmittel ist zum Beispiel Druck.

Es ist generell ein Fehler, Druck nachzugeben. Je schlimmer Sie jemand/etwas unter Druck setzt, desto schlimmer wird es für Sie, wenn Sie nachgeben.

Bei Entscheidungen unter Druck wird es eng. Schaffen Sie sich lieber Abstand – so minimal der auch sein mag. Und denken Sie in Ruhe über das *Cui bono* nach: Was sind die Motive derer, die mir Druck machen? Wollen die, dass ich eine gute Entscheidung treffe? Sicher nicht, die verfolgen Eigeninteressen. Halten Sie Eigen- und Fremdmotivation auseinander!

Gewitzte Manipulatoren werden Sie in ein künstliches Dilemma bringen wollen: «Wofür entscheiden Sie sich – A oder B?» Wofür würden Sie sich entscheiden? Sie müssten erst wissen, worin A und B bestehen? Schon hereingefallen!

Wenn Sie jemand zwischen A und B entscheiden lassen will, fragen Sie ihn oder besser noch sich selbst nach C, D, E, … Sie können sich auch fragen: Was will ich wirklich? A? B? Keines von beiden? Beide zusammen? Oder etwas ganz anderes? Wenn ja, was?

Eine Variante dieser Manipulation ist die Ja/Nein-Attacke: «Sollen wir das jetzt so machen oder nicht? Ja oder nein?» Das ist eine künstliche Fokussierung auf eine Alternative, die nicht zielführend ist; kurz: engstirnig. Einen Ausweg bietet die offene Frage: Wie wollen wir denn jetzt vorgehen? Generell gilt: Jede W-Frage befreit Sie aus dieser Falle.

Entscheiden können

Spielen Sie Tennis? Dann könnten Sie auch vor Ihrer nächsten Rückhand Angst haben. Lächerlich? In der Tat. Wer die Rückhand übt, bis sie «kommt», braucht keine Angst zu haben – und trifft auch noch.

Mit Entscheidungen ist es dasselbe: Es ist ein Sport, ein Handwerk, eine Kunst. Genug Handwerkszeug haben Sie jetzt mitbekommen. Was wird Ihre nächste Entscheidung sein? Zum Italiener oder zum Griechen? A6 oder E-Klasse? In die Sauna oder ins Studio? Trainieren Sie! Entweder mit dem Handwerkszeug, das Sie eben kennen gelernt haben oder mit dem übergreifenden Entscheidungsprinzip:

Auf einen Blick: Souverän entscheiden
Souveräne Entscheidungen benötigen Kopf, Bauch und Erfahrung.

«Der einzige Mensch, der den Wandel liebt, ist ein nasses Baby.»
Selbst Reinhard Sprengers pessimistisches Dictum ist noch zu
optimistisch, wie jede/r geplagte Mutter/Vater weiß: Nasse
Babys wehren sich sogar gegen das Trockenlegen.

13. «Wie führe ich Neues ein?»

Die Zeiten ändern sich so rasend schnell, dass Führungskräfte praktisch jede Woche etwas Neues einführen sollten/müssen. Jedoch verlaufen die meisten Veränderungsprojekte frustrierend unbefriedigend; zäh, langsam, nervtötend, ineffektiv, ineffizient. Warum?

Warum wird uns diese Frage eigentlich immer noch gestellt? Wir stellen Managern gern die Gegenfrage: «Wie viele Change-Management-Seminare haben Sie schon besucht?» Manche haben bereits über ein halbes Dutzend intus! Und immer noch bleiben viele ihrer Veränderungsprojekte stecken. Warum?

Seit Jahren machen sie denselben Fehler – und kommen nicht davon los. Das fängt ganz vorne an: Das Erste, was viele Manager nach dem Startschuss tun, ist – ja, was ist es denn bei Ihnen? Was denken Sie als Erstes, wenn Ihr Boss zu Ihnen sagt: «Das muss sich radikal ändern. Legen Sie mal ein Projekt auf!»?

Das Erste, woran Führungskräfte bei einer Veränderung denken, sind die Stolpersteine: Wie überwinde ich die Apathie meiner Mitarbeiter? Wie finde ich überhaupt genügend Zeit für das Projekt?

Das sind vernünftige und realistische Fragen? Sicher. Doch die Auswirkung auf die eigene und die Motivation der Mitarbeiter ist verheerend. Warum? Weil der Schwierigkeiten hat, der mit ihnen beginnt.

Wer sich zuallererst mit den Hindernissen beschäftigt, löst nur eines aus: Verunsicherung. Und Verunsicherung ist das Letzte, was Sie beim Start eines Change-Projektes auslösen möchten. Ziehen Sie die Analogie zum Privatleben: Sie sollten sich mehr bewegen! Mehr Jogging, Radfahren, Walken … Aber woher die Zeit nehmen? Außerdem soll Jogging schlecht für die Gelenke sein und sowieso … Werden Sie nach diesen Gedanken Joggen gehen? Sicher nicht. Weil Sie verunsichert sind.

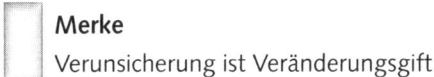

Merke
Verunsicherung ist Veränderungsgift.

Wer (sich) verändern will, muss (wild) entschlossen sein. Wer entschlossen ist, überspringt danach auch die auftretenden Hindernisse. Das ist die Reihenfolge: erst Entschlossenheit, dann Hindernisse.

Womit können Sie es schaffen?

Wir fragen Führungskräfte oft: «Wie stark identifizieren Sie sich mit Ihrem Change-Thema?» Die Antwort ist immer dieselbe: «Natürlich intensiv!» Das ist falsch. Manager identifizieren sich nicht mit dem Change-Thema, sondern mit dem Problembazillus.

Wer vom Bazillus mangelnder Überzeugung infiziert ist, überträgt ihn auf seine Mitarbeiter – und beklagt sich dann auch noch über deren mangelnde Überzeugung!

Merke
Erste Pflicht beim Change ist: Überzeugung!

Leider erleben wir meist das Gegenteil: Da sichern sich Führungskräfte schon von der ersten Minute gegen Probleme und Fehlschläge ab.

Das Erste, wonach Führungskräfte beim Change oft fragen, ist: Woran könnte es scheitern? Die bessere Frage ist: Womit können wir es schaffen?

Kleiner Unterschied, große Wirkung. Wenn Führungskräfte in Kick-off-Meetings diese Frage stellen, erleben sie meist die erste Überraschung: Das, womit man es schaffen könnte, ist meist sehr viel zahlreicher und stärker als das, woran es scheitern könnte.

> **Tipp**
> Listen Sie alle Möglichkeiten, Stärken, Ressourcen auf! Das gibt Kraft, Mut und Entschlossenheit. Ihnen und Ihren Mitarbeitern.

Wer zuerst auf die Probleme schaut, schwächt sich. Wer zuerst auf die Möglichkeiten schaut, stärkt sich und sein Team. Das heißt nicht, dass Sie Hindernisse ignorieren sollen. Das heißt lediglich, dass Sie klare Prioritäten setzen sollten. Kümmern Sie sich nicht zuerst um die Unmöglichkeiten, sondern um die Möglichkeiten, nach dem alten weisen Satz: «Füttere die Möglichkeiten und lass die Probleme verhungern.»

Mit Anfangsbedenken können Sie keinen davon überzeugen, dass es machbar ist – auch nicht sich selbst! Widerstände und Hindernisse sollten erst später thematisiert werden. Dann nämlich, wenn Sie und Ihre Leute erst einmal davon überzeugt sind, dass der Change machbar ist.

Oder wie es der COO eines Lebensmittelkonzerns ausdrückte: «Wer beim Change zuerst an die Hindernisse denkt, hat wohl die Hosen voll. Und mit vollen Hosen kann man nicht begeistern!»

Der Quantensprung-Quark

«Das müssen wir machen. Das bringt uns weiter! Das ist ein Quantensprung für uns!» Warum hören wir schon lange nicht mehr hin, wenn Manager vom Quantensprung reden?

Quantensprünge überfordern entweder die Organisation oder entpuppen sich in der Regel als alter Wein in neuen Schläuchen. Daher unser

Tipp
Zielen Sie in der Regel nicht auf den Quantensprung, sondern auf den nächsten kleinen Schritt.

Mit dieser Philosophie wurden die Japaner groß (und bleiben es). Eine gute Frage zur Operationalisierung dieser Philosophie ist: *Worin könnte ein qualitativer Unterschied zwischen heute und morgen liegen?*

Diesen kleinen Unterschied packen Sie dann an. Die kleinen Unterschiede machen den großen Unterschied: Weil sie im Gegensatz zu Quantensprüngen realisierbar sind. Jeden Tag.

Die Ufer des Unfugs

Womit kündigen Manager einen fälligen Change an? Womit tun Sie's? Sehr beliebt ist die «Auf zu neuen Ufern»-Rede: «Wir müssen uns verändern! Sonst gibt es uns bald nicht mehr! Wir schaffen das!» Manager denken, sie erzeugen damit Einsicht, Motivation und Wandlungsbereitschaft.

Was sie tatsächlich damit bewirken, diskutieren Mitarbeiter dann unter sich: «Change heißt bei uns meist Entlassungen. Wer nicht gekündigt wird, sitzt das aus. Bei jedem Change-Projekt erzählen die da oben uns dieselbe Sauce. Das hat nichts zu bedeuten, das sind nur Worthülsen.»

Wenn Sie wollen, dass die Mitarbeiter sich bewegen, dürfen Sie nicht von neuen Ufern erzählen. Sie sollten sich lieber mit den Befindlichkeiten der Mitarbeiter auseinandersetzen, bevor diese den Change blockieren.

Das wissen Manager in der Regel auch. Selbst jene, deren Change-Projekte regelmäßig floppen. Trotzdem drücken sie sich meist vor dieser Notwendigkeit – auch in der eigenen Familie, bei den eigenen Kindern.

Kommt der Neunjährige zum Papa: «Du, morgen schreiben wir Mathe. Ich kann den neuen Stoff nicht. Das ist alles so schwierig.» Papa: «Ach, das packst du. Du hast dich doch gut vorbereitet! Wenn du eine gute Note schreibst, kriegst du auch was.»

Es gibt keinen lebenden Neunjährigen, der danach den Papi nicht für das hält, wofür ihn seine Mitarbeiter schon lange halten. Die meisten Manager wissen das auch – und leiden darunter. Sie leiden unter ihrer Impotenz: Sie wollen, aber sie können nicht. Wir wollen das jetzt ändern.

Zuwendung bringt die Wende

Oder wie eine Managerin das mal ausdrückte: «Meine Leute haben Ängste, Zweifel, Sorgen? Ich höre zu. Das ist das Mindeste.»

Merke

Gehen Sie so vor: Ich höre Bedenken, ich nehme sie ernst. Ich gebe Ihnen Raum und Aufmerksamkeit.

Wie? Mit den Mitteln der klassischen Gesprächsführung: nicht gedankenlos losplappern und die Leute «überzeugen».

Versuchen Sie nie, Bedenken zu beschwichtigen oder zu relativieren. Das verstärkt sie nur. Die Mitarbeiter glauben, Sie wollen ihnen ihre Bedenken ausreden: «Der nimmt uns nicht ernst!» Sie reagieren mit Trotz und noch mehr Widerstand.

Deshalb: Nicht überzeugen, sondern aktiv zuhören und paraphrasieren. Sich Wertungen und Kommentare und Besserwissereien so lange verbeißen, bis die Zunge blutet. Herausfinden, wie die Leute ticken. Ist das zu abstrakt? Dann prüfen wir es am komprimierten Beispiel:

Mitarbeiter: «Ach, das haben wir doch schon so oft probiert.»

Vorgesetzter, falsch: «Dann muss es diesmal eben klappen!» Richtig: «Ja, stimmt, es ist ein neuer Versuch.»

Mitarbeiter: «Das haut doch wieder nicht hin!»

Vorgesetzter: «Wo sehen Sie das Problem?»

«Die Technik beherrschen wir doch noch gar nicht.»

«Das stimmt. Deshalb habe ich einen fünfstelligen Betrag für eine Trainingsoffensive eingeplant. Damit machen wir unsere Leute fit für die neue Technik.»

Der Manager muss felsenfest davon überzeugt sein, dass der Wandel zu schaffen ist. Davon muss er nicht seine Mitarbeiter zu überzeugen versuchen. Er muss ihnen lediglich plausibel erklären können, warum er überzeugt ist. Dann folgen sie ihm auch auf unsicheres Terrain. Mitarbeiter wollen nicht überzeugt werden. Sie wollen, dass der, der sie führt, weiß, was er tut – und das auch plausibel erklären kann.

Mitarbeiter ins Boot holen: rechte Tasche – linke Tasche

Mitarbeiter, die mauern, sind meist nicht gegen den Wandel per se. Sie sind es notgedrungen, weil der Wandel intransparent vermarktet wird. Wenn wir mit Mitarbeitern reden, klagen diese oft: «Wir wissen nicht, was das Projekt für uns bedeutet.» Sie wissen nicht, ob sie «das packen» können, ob ihr Arbeitsplatz bedroht ist, ob sie danach schlechter dastehen als davor. Deshalb: Machen Sie mit dem Mitarbeiter die Bilanz auf.

Spielen Sie Rechte-Tasche-linke-Tasche: Das bringt Ihnen der Wandel – und was nimmt er Ihnen? Wobei wichtig ist, dass das, was der Mitarbeiter dabei zu verlieren glaubt, vom Mitarbeiter geäußert wird (nicht vom Vorgesetzten).

Was aber ist, wenn der Mitarbeiter wegen des Wandels mehr verliert, als er gewinnt? Das ist egal: Veränderung ist keine Volksabstimmung.

Machen Sie dem Mitarbeiter klar: «Stimmt, Sie stehen diesbezüglich danach schlechter da, das beschönige ich nicht. Wir können darüber reden, wie wir das für Sie erträglich gestalten – doch die Veränderung wird kommen. Sie ist nötig. Wir brauchen sie. Ich will das.» Mitarbeiter sind keine Mimosen. Die können einen Verlust wegstecken – wenn Sie ehrlich mit ihnen sind und überzeugt vom Wandel bleiben.

Das Ikea-Prinzip des Change Managements

Es ist Volkssport, darüber zu schimpfen, dass sich Ikea-Produkte nicht besonders «komfortabel» zusammenbauen lassen. Ein Dorfschreiner bemerkte dazu mal: «Wer zwei linke Hände hat, kriegt auch kein Bild an die Wand!»

Viele Veränderungsprojekte scheitern nicht (nur) an den mauernden Mitarbeitern, sondern (auch) an der handwerklichen Fertigkeit ihres Change Agents.

Das ist gut. Denn handwerkliches Geschick ist reine Trainingssache, zu Beginn sogar lediglich Sache einer guten Checkliste, zum Beispiel dieser:

Checkliste des Change

1. Das Spielfeld und den Spielfeldrand markieren
Wenn Führungskräfte sich beklagen, dass im Projekt «jeder macht, was er will» oder dass Mitarbeiter «sich mit Krimskrams beschäftigen», dann waren sie meist an diesem Punkt unsouverän. Klären Sie deshalb glasklar beim Kick-off ab: Was machen wir in diesem Projekt und was lassen wir? Wer tut was und lässt was? Es muss nicht nur klar sein, was gemacht wird, sondern auch, was nicht gemacht werden darf.

2. Den Erfolg definieren

Viele Projekte kommen nicht im Ziel an, weil keiner so recht weiß, wo das Ziel liegt. Oft sind Projekte einfach zu vage und abstrakt formuliert, um Erfolg zu haben. Deshalb die Fragen klären: Wann sind wir zufrieden? Welche messbaren Parameter müssen wie aussehen?

3. Die Kompetenzfrage stellen und beantworten lassen

Welche Kompetenzen werde ich einbringen? Dabei stellt sich heraus, welche Kompetenzen überhaupt eingebracht oder erst noch ergänzt werden müssen.

4. Das Errungene bestätigen

Was müssen wir bewahren? Was darf auf keinen Fall beschädigt werden? Viele Projekte scheitern, weil die Mitarbeiter befürchten, dass «nun alles anders» wird und das Alte nichts mehr wert ist – weshalb sie mauern (eine verständliche Reaktion).

5. Die Schlichtung einrichten

Wie gehen wir mit unterschiedlichen Auffassungen um? In welchen Gremien tragen wir das aus? Wann treffen diese sich?

6. Die Kommunikation sichern

Welches Forum richten wir ein, das jeden jederzeit über alles informiert hält, was im Projekt abläuft?

7. Die Flanke sichern

Wie vermarkten wir den Change intern? Erstens, um gut dazustehen (interne PR). Zweitens, um die Abteilungen an den Schnittstellen ins Boot zu holen.

8. Etappenziele definieren

Das Endziel ist zu weit weg. Es müssen Etappenziele gefeiert werden. Jubelforen, Meilensteinfeste, um aufzutanken, sich wieder zu motivieren. Kleine Belohnungsrituale.

Druck taugt nicht. Feedback ist besser

Was machen unsouveräne Führungskräfte, wenn das Projekt nicht so recht vorankommt? Sie machen Druck. Nicht weil Druck besonders wirksam wäre (er ist es nicht). Sondern weil sie nichts Besseres kennen/können.

Souveräne Führungskräfte führen mit Feedback statt mit Druck. Warum wirkt das besser? Weil es echtes Interesse und Unterstützung demonstriert. Zwei Dinge sind dafür nötig:

- Geregeltes Feedback: Wann gibt wer wem wie Feedback?
- Repressionsfreie Feedbackkultur: *Don't kill the messenger!* Mitarbeiter müssen das Gefühl haben, auch Unangenehmes aussprechen zu können, ohne dafür auch nur schief angeguckt zu werden.

Ein sehr souveräner Manager drückte das mal so aus: «Ich sage meinen Leuten immer: Hinfallen ist nicht so wichtig. Wichtiger ist, wieder aufzustehen.» Ein anderer sagt: «Leute, jeder macht Fehler. Fehler machen einen lächerlich, man steht ganz dumm da. Wir lachen drüber, lernen draus und machen's beim nächsten Mal besser.»

Sicher, einem Normalmanager fällt diese Souveränität erst mal schwer. Doch es geht auch umgekehrt: Je souveräner Sie sich verhalten (ohne sich so zu fühlen), desto eher fühlen Sie es auch.

Warum rasten unsouveräne Manager bei Fehlern oft derart aus? Weil sie der Illusion nachhängen: Alles muss perfekt geplant sein, damit bloß keine Fehler passieren … Deshalb erleben wir in der Praxis unheimlich viele Schmalspurkonstruktionen als Veränderungsprojekte – damit um Himmels willen bloß nichts schiefgehen kann!

Es ist nicht gut, sich zu Tode zu planen. Es ist besser, sich zum Erfolg voranzuirren. Planung ist wichtig. Doch wer genauer plant, irrt präziser – mehr nicht. Versuch und Irrtum gehören zum Wandel wie der Hering zu den Bratkartoffeln.

Auf einen Blick: Souverän Neues einführen

- Woran könnte es scheitern? Falsch! Fangen Sie so an: Womit können wir es schaffen?
- Zuwendung bringt die Wende.
- Legen Sie die Checkliste mit den handwerklichen Voraussetzungen neben sich.
- Gewöhnen Sie sich eine konstruktive Fehlerkultur an.

> *Manager zu seiner Gattin: «Meine Mitarbeiter treiben mich noch in den Wahnsinn!»*
> *Gattin: «Hm, wer hat denn die bei euch bloß eingestellt?»*

14. «Wie finde ich die richtigen Leute?»

Warum ist es so schwer, an die richtigen Leute zu kommen? Führungskräfte kennen die Antwort längst, wenn sie ehrlich sind: Sie wissen zwar alles, was man über die Bewerberauswahl wissen muss – schließlich gibt es genug General Management Trainings. Doch sie tun es (meist) nicht. Es werden seit Jahren wider besseres Wissen tagtäglich dieselben Fehler gemacht:

- Vorgesetzte schauen stärker aufs Bewerberbild als auf den Lebenslauf.
- Sie bewerten Lücken im Lebenslauf als generell schlecht.
- Sie misstrauen Quereinsteigern.
- Sie gehen unvorbereitet in Bewerberinterviews.
- Sie reden im Interview zu viel, anstatt den Bewerber reden zu lassen.
- Sie betreiben Selbstdarstellung, anstatt Fragen zu stellen.
- Sie entscheiden aus dem Bauch heraus, anstatt auf Basis des Anforderungsprofils.
- Sie wissen nicht, wie sie nach bestimmten Anforderungen fragen sollen.
- Sie fragen so, dass der Bewerber taktisch antwortet.
- Sie stellen Bewerber ein, die ihnen ähnlich sind, weil ihr Unbe-

wusstes ihnen einen Streich spielt: People *that are like each other like each other*. Was sich ähnelt, das ist sich sympathisch – und wird eingestellt. Unsouveräne Vorgesetzte klonen sich sozusagen.

- Es werden Bewerber eingestellt, die «ins Team passen» – auch wenn diese nicht die kompetentesten sind.
- Die Fachkompetenz wird stärker gewichtet als die Einstellung der Bewerber – immer ein Fehler.

Gehen Sie die Liste nochmals durch: Wenn Sie ehrlich sind – wo würden Sie Ihre Kreuze machen? Auch ein Zeichen souveräner Führungskräfte: Sie sind souverän genug, um ehrlich zu sein. Und Einsicht ist der erste Schritt zur Besserung.

Souveräne Manager trainieren das Selektieren

Natürlich geschehen die aufgelisteten Fehler bei der Bewerberauswahl alle aus überragend gutem Grund: Man hat halt keine Zeit, sich auch noch gründlich auf eine professionelle Bewerberauswahl vorzubereiten.

Wir akzeptieren diesen Grund. Aber das hilft Ihnen nicht weiter, stimmt's? Denn Sie möchten gerne souverän führen und sich nicht ständig fragen, ob Sie wohl den Richtigen eingestellt haben. Da hilft nur eines:

Holen Sie tief Luft und blicken Sie der Wahrheit ins Gesicht: Was sind Ihre Dauerfehler bei der Bewerberbewertung? Listen Sie sie auf und beginnen Sie mit dem Training.

Es nützt nichts, sich vorzunehmen, Beurteilungsfehler demnächst abzustellen. Das hat nämlich auch bisher nicht hingehauen. Nur ein Training kann Verhaltensänderung bewirken: Übung macht den Meister. Wie das Training aussieht, ist nicht so wichtig. Ob do-it-yourself, on the job, mit Coach oder externem Trainer. Hauptsache, Sie trainieren.

Ein souveräner Manager verriet uns mal sein Training on the Job:

«Die ersten zwei Interviews einer Kampagne verplappere ich meist. Erst beim dritten kann ich mich so weit zurücknehmen, dass der Bewerber drei Viertel der Zeit redet. Wenigstens merke ich das. Ich werde von Interview zu Interview besser. Die meisten Kollegen bemerken ihre Plappertendenz nicht und stellen weiß Gott wen ein.»

Die Besten gewinnen

Sie wollen die Besten? Unsouveräne Führungskräfte wollen die auch. Sie kriegen sie jedoch nur selten, weil sie einen Fehler begehen: Sie warten. Sie schalten eine Anzeige und warten dann auf die einlaufenden Bewerbungen. Souveräne Führungskräfte warten nicht.

Merke
Wer die Besten haben möchte, muss sie sich holen.

Zum Beispiel auf dem Campus: Präsentieren Sie sich dort, wo sich Ihre Kandidaten aufhalten. Leider werden auf den Campus meist die Personaler geschickt – das beeindruckt gute Bewerber nicht. Die wollen mit Vorständen, Geschäftsführern, Topmanagern reden. Warum sind die sich regelmäßig zu schade, zwei Stunden im Hörsaal vorbeizuschauen? Weil sie noch nicht souverän genug sind.

Viele Unternehmen haben sich vom Campus verabschiedet, schreiben keine Nachwuchspreise mehr aus, bieten kaum mehr Praxissemester an. Weil sie anderes zu tun haben. Globalisieren zum Beispiel. Dass sie dafür erstklassige Mitarbeiter brauchen, merken sie meist erst, wenn es schon knirscht im Getriebe. Souverän ist das nicht.

Arbeiten Sie mit Arbeitsproben

Wir sind immer wieder erstaunt, wie selten Arbeitsproben eingesetzt werden. Dabei beklagen sich Manager so oft darüber, dass Bewerber, die im Gespräch hervorragend rüberkommen, bei der konkreten Arbeit dann ziemlich enttäuschen: Sie stellen Bewerberinnen oder Bewerber ein, damit sie arbeiten. Also beurteilen Sie sie bei der Arbeit. Hier einige Beispiele von souveränen Managern:

- Ein Entwicklungschef lässt seine Bewerber, alles Ingenieure, Platinen löten, Drähte biegen und Getriebe zusammenbauen: «Die müssen für die Fertigung konstruieren – und nicht fürs Reißbrett. Ich will sehen, ob die sich in der Praxis auskennen, ob die einen Lötkolben halten können.»
- Ein Marketingmanager lässt Bewerber in seinem Büro am PC eine kleine Werbekampagne planen: «Da stellt sich sofort heraus, wer die Erfahrung hat, wer die vermeidbaren Fehler macht, wer unstrukturiert vorgeht, nicht organisieren kann, Chaos produziert.»
- Ein Innendienstleiter setzt Bewerberinnen nach einer Mini-Einweisung ans Kundentelefon: «Zeugnisnoten sind wenig aussagefähig. Die auf dem Papier schwächsten Bewerberinnen sind regelmäßig die mit der gewinnendsten Art am Telefon.»

Welche Arbeitsproben könnten Sie sich für Ihre BewerberInnen ausdenken? Und: Immer hinterher mit dem künftigen Firmenmitglied auswerten und diskutieren! Das erhöht den Informationsnutzen der Veranstaltung immens. Fragen Sie: «Warum haben Sie das so und so gemacht?» Auf diese Weise erfahren souveräne Führungskräfte recht genau, wie Bewerber arbeiten, wie zuverlässig und gewissenhaft, wie systematisch sie vorgehen.

Brauche ich ein Anforderungsprofil?

Es ist geradezu unvorstellbar, dass diese Frage immer noch gestellt wird! Tatsächlich werden zwei Drittel aller Jobs ohne Anforderungsprofil vergeben. Typische Ausrede: «Ich weiß doch, was meine Leute mitbringen müssen!» Das stimmt einfach nicht. Es werden regelmäßig Anforderungen im Profil unterschlagen oder zu schwach gewichtet, wenn man das aus dem Kopf heraus macht. Die einzelnen Anforderungen werden auch nicht systematisch abgefragt, wenn man das nicht quasi mit der Checkliste in der Hand durchgeht.

Wann setzen Manager endlich für jede Bewerberauswahl Anforderungsprofile ein? Wir wissen es nicht. Ist auch herzlich egal: Wer es tut, wird belohnt. Souveräne Manager arbeiten alle mit Profil. Das gibt Sicherheit und führt zu besseren Entscheidungen bei der Bewerberauswahl. Außerdem macht es nicht so viel Arbeit, wie oft behauptet wird. Das ist lediglich eine Schutzbehauptung unsouveräner Manager. Schon ein rudimentäres Anforderungsprofil ist besser als gar keines.

Was die Besten von Ihnen erwarten

Wollen Sie die Besten? Wer wollte die nicht. Wann bekommen Sie die Besten? Wenn Sie das bieten, was die Besten erwarten. In allen Branchen und für alle Positionen ist das mehr oder weniger dasselbe:

- Unsouveräne Manager glauben, dass allein das Geld zählt. Das ist ein Irrtum. Ein gutes Gehalt ist zwar wichtig, aber gerade bei den Besten nicht ausschlaggebend. Firmen, die lediglich ein Spitzengehalt bezahlen, bekommen selten den Zuschlag von den Besten (nur von den Gierigsten). Denn der Mensch lebt nicht vom Brot allein. Siehe Apple oder Daimler: Die meisten Bewerber würden dort sogar für 'nen Appel und ein Ei arbeiten.

- Die Besten fassen den Beruf als Berufung auf. Sie wollen sich ganz einbringen, eigene Ideen verfolgen, brauchen große Freiräume.

- Gleichzeitig wollen sie die Sicherheit einer geordneten Arbeitswelt, hassen das Chaos im Konzerngetümmel.

- Sie bevorzugen die überspringende Kommunikation, wollen als einfache Trainees zum Beispiel auch mal mit dem Vorstand

reden. Das gibt ihnen mehr als ein Bonus. Patenmodelle oder Kaminabende mit Topmanagern erwarten sie förmlich.
- High Potentials sind in der Regel locker drauf. Sie halten nicht so viel von Form, weil sie auf das Wesentliche schauen. Sie hassen Unwesentliches wie zum Beispiel eine penible Kleiderordnung oder eine überbordende Bürokratie.
- Sie wollen berufliche und persönliche Entwicklungsmöglichkeiten, Perspektiven.
- Sie suchen nach persönlichen Vergünstigungen. Das ist zwar ungerecht den Kollegen gegenüber. Doch wenn ein Unternehmen sich darauf einlässt, ergibt das eine hohe Bindung ans Unternehmen.
- Sie schätzen Glaubwürdigkeit, verdammen hohle Phrasen und gebrochene Versprechen.

Dass High Potentials Verantwortung möchten, ist dagegen ein Mythos: Das wird von ihnen erwartet. Doch es entspricht nicht ihrer Neigung. Sie wollen viel lieber in einem kreativen Team arbeiten, persönliche Steckenpferde reiten, in ihrem Feld brillieren, sich einen Namen machen, Anerkennung sammeln – und die Verantwortung andere tragen lassen. Dafür sind sie auch bereit, die Nacht zum Tag zu machen.

Was die besten Kandidaten brauchen, ist deshalb eine gute Führung, die sie erwachsen werden lässt und ihnen beibringt, mit der Zeit mehr Verantwortung zu übernehmen.

Merke
Unsouveräne Vorgesetzte wollen die Besten. Souveräne Führungskräfte tun auch etwas dafür.

Sind die Besten die Richtigen?

Ist es klug, nur die Besten einzustellen? Nach dem Motto, die Besten sind für uns gerade gut genug? Nein. Denn Sie brauchen daneben auch Schaffer, Macher, Handwerker, Umsetzer, Controller, Serviceleute.

Sie brauchen keine 100 High Potentials, sondern eher ein bis zwei pro Team. Der Großteil des Teams muss nämlich das umsetzen, was der Überflieger ausbrütet.

Es ist wie im Fußball: Keine Mannschaft verträgt mehr als einen Stürmerstar. Damit der Starstürmer seine Tore macht, müssen alle anderen die Bälle schleppen und die Räume besetzen. Das Problem ist: Die Macher selbst müssen handwerklich sehr gut sein, damit sie mit dem High Potential mithalten können.

Woran erkennen Sie Macher?

- Auf jeden Fall an ihren Arbeitsproben: solide, exakt, gut durchdacht. Aber eben nicht so genial wie bei den Besten.
- Macher wirken eher unscheinbar, legen keinen Wert auf eine beeindruckende Erscheinung.
- Sie bringen Grundtugenden mit wie Zuverlässigkeit, Pünktlichkeit, Ehrlichkeit, Fleiß. Das erkennen Sie daran, ob sie pünktlich sind, ob ihre Unterlagen sauber und vollständig sind …
- Ihr beruflicher Werdegang ist eher geradlinig.
- Macher machen keine großen Worte, sondern sagen schlicht und konkret, was Sache ist.
- Was würden Sie machen, wenn …? Auf solche Simulationsfragen antworten High Potentials mit der ungewöhnlichen, Macher mit der unspektakulären Option.

Wie gut ACs wirklich sind

Welche Instrumente benötigen Sie, um «die Richtigen» einzustellen? Ein Assessment Center (AC) wäre schon toll – doch Vorsicht: «Beim AC kommen automatisch die Richtigen heraus, und wir müssen noch nicht mal groß etwas dafür zu tun!» Das glauben auch nur unsouveräne Manager.

Ein (gutes) AC hat eine Validität von umgerechnet 30 bis 40 Prozent. Mehr nicht. Das heißt: Selbst ein gutes AC muss ergänzt werden. Am besten durch drei andere Methoden:

- Telefonische Bewerbervorauswahl. Selten praktiziert, aber sehr aussagefähig. Jedenfalls sehr viel aussagekräftiger als die Bewerbungsunterlagen, weil Papier im Gegensatz zu realen Menschen nicht auf Fragen antworten kann.
- Natürlich die erwähnten Arbeitsproben.
- Halbstrukturiertes Bewerberinterview (setzen wir mal als bekannt voraus, dazu gibt es reichlich Literatur und Trainings).

Mit diesen vier Instrumenten erreichen Sie 50 bis 60 Prozent Auswahlsicherheit. Den Rest Unsicherheit muss man als souveräner Manager

- eben aushalten;
- mit Training, Coaching, Mentoring und anderen Instrumenten der Personalentwicklung ausgleichen;
- im schlimmsten Fall innerhalb der Probezeit mit der Trennung quittieren. Dazu ist die Probezeit da. Souveräne Manager haben den Mut zum Ende mit Schrecken, unsouveräne erleben einen Schrecken ohne Ende.

Best Practice

Unsouveräne Manager überlassen die Personalauswahl größtenteils der Personalabteilung, nehmen sich wenig Zeit dafür, interviewen unstrukturiert, entscheiden aus dem Bauch heraus – und schimpfen danach regelmäßig über P-Abteilung und Bewerber.

Souveräne Manager wissen, dass ein neuer Mitarbeiter eine der wichtigsten Investitionen überhaupt ist, und nehmen sich deshalb die nötige Zeit dafür. Sie verbessern ständig ihre Anforderungsprofile, Arbeitsprobenaufgaben und Interviewfragen. Sie horchen ihre Bewerber regelrecht aus – anstatt sie mit Eigenwerbung zuzutexten. Sie haben den idealen Bewerber «im Kopf» und tun alles dafür, um ihn auch zu bekommen – während der unsouveräne Manager darauf wartet, dass der Idealkandidat bei ihm anklopft.

Auf einen Blick: Souverän die Besten auswählen
- Identifizieren Sie Ihre Selektionsschwächen und trainieren Sie sich diese ab.
- Arbeiten Sie generell mit Anforderungsprofil.
- Warten Sie nicht, bis die Bewerber zu Ihnen kommen. Gehen Sie zu den Bewerbern.
- Beurteilen Sie aufgrund von Arbeitsproben.
- Den Besten müssen Sie bieten, worauf die Besten anspringen.

Nachwort von der persönlichen Souveränität

Wollen Sie eine gute Führungskraft sein? Wer will das schon! Wir kennen niemanden der oder die eine gute Führungskraft sein will.

Wir alle wollen nicht gut, sondern herausragend führen. Meisterhaft, exzellent, eben souverän. Im Grunde unseres Herzens machen wir es doch nicht fürs Geld! Auch wenn das Geld wichtig ist. Doch entscheidend ist etwas anderes.

Entscheidend ist, dass wir einen tollen Job machen, die nötige Souveränität im Umgang mit Mitarbeitern, Kunden, Kollegen und den Marktpartnern zeigen – und nicht wie ein Tennisball getrieben und gestresst durchs Führungsleben hüpfen. Das ist es, was wir eigentlich ganz tief drin im Grunde unseres Herzens wollen: persönliche Souveränität. Unerschütterliche Gelassenheit und Überlegenheit in allen Lebenslagen. Auch und insbesondere in den Stressfällen des Führungsalltags. Da wollen wir ganz besonders intensiv ganz besonders souverän sein.

Souveräne Führungskräfte erkennen Sie und wir daran, dass diese immer schön souverän bleiben – auch und gerade wenn sie in einen der 14 Störfälle geraten, die wir auf den zurückliegenden Seiten diskutiert haben. Sich durch diese Störfälle hindurchzumogeln oder hindurchzustressen oder mit Druck oder Stress zu reagieren, ist keine Kunst. Das macht (fast) jede(r). Und es wird von hervorragenden Führungskräften als zutiefst unsouverän empfunden. Dass Ihnen das nicht mehr reicht, ist offensichtlich – und das ist außergewöhnlich, was an dieser späten Stelle auch mal in aller Deutlichkeit gesagt werden muss: Dass Sie nicht nur führen, sondern souverän führen wollen, zeichnet Sie in einer Weise aus, die gar nicht hoch genug eingeschätzt werden kann.

In einer Welt des mediokren Managens ist allein schon Ihr Wunsch nach und Ihr Bemühen um souveräne Führungskompetenz herausragend – und souverän.

Führungskräfte, die sich durch die diskutierten 14 Störfälle nicht aus der Ruhe bringen lassen und auch in diesen Störfällen souverän, effizient und wirksam bleiben, gibt es selten. Nach Ihrer Lektüre sind Sie auf dem besten Wege dazu, so souverän zu werden/bleiben. An diesen 14 Störfällen sieht man, was ein Manager wirklich draufhat, wie gut er/sie tatsächlich ist. Das sehen übrigens alle: Vorgesetzte, Kunden, Kollegen, Mitarbeiter, die eigene Familie.

Wer in den Störfällen des Führungsalltags «cool» bleibt, souverän agiert, tut mehr für sein Renommee, seinen Ruf, sein Image, sein Standing in- und außerhalb des Unternehmens, als wenn er seine Leistungsziele erreicht. Wir erleben es immer wieder, dass Mitarbeiter nach einem Absenzgespräch über ihren Vorgesetzten sagen: «Der kümmert sich echt um dich! Der macht nicht bloß hohle Sprüche wie die anderen Manager!» Wir erleben es immer wieder, dass Vorstände über Führungskräfte sagen: «Wie sie den Konflikt zwischen Abteilung A und B geregelt hat – alle Achtung. Die ist für Größeres gut.» Und wir werden von Managern immer wieder hinter vorgehaltener Hand gefragt: «Jetzt mal im Vertrauen: Sie kennen doch X. Wie macht der das, dass seine Mitarbeiter so motiviert sind? Viel motivierter als meine?»

Störfälle sind der Lackmus-Test für die Souveränität eines Managers. Wer bei diesen Störfällen patzt, hat seinen Ruf schon weg. Wer dagegen selbst in diesen schwierigen Lagen souverän bleibt, beeindruckt weit über seine eigentliche Sachleistung hinaus. Doch das ist seltsamerweise gerade bei guten Führungskräften nicht der vordringlichste Grund, warum sie souverän werden/bleiben wollen.

Der eigentlich Grund ist: Souveräne Führung kostet keine Kraft – sie gibt welche. Sie verleiht sozusagen Flügel. Die meisten Führungskräfte der westlichen Welt sind dauergestresst, erschöpft, genervt, der Akku im roten Bereich. Ehrgeizige Aufgaben können sie meist nur noch als Überforderung, als Bedrohung, als Stressor wahrnehmen. Ganz anders souveräne Führungskräfte.

Die berichten uns regelmäßig: «Ich mag meine Familie und die Wochenenden mit ihr – aber seit ich auch in Stresssituationen souverän bleibe, brenne ich am Sonntagabend förmlich darauf, dass ich am Montagmorgen wieder loslegen kann.» Andere sagen: «Es ist einfach himmlisch. Egal, was mir der Vorstand aufbrummt, egal, welche Fisimatenten meine Mitarbeiter wieder ausbrüten – ich bleibe gelassen, weil ich weiß: Auch damit werde ich fertig. Und zwar ganz souverän.» Allein dieses Wissen, diese tiefe Überzeugung gibt eine Kraft, die von weniger souveränen FührungskollegInnen weder verstanden noch nachvollzogen werden kann. Die fragen uns regelmäßig: «Mensch, die Aufgabe war ihm doch eigentlich zu groß. Wie hat er das trotzdem geschafft? Und so abgeklärt?»

Souverän zu führen gibt neuen Kraft und Schwung. Es bringt Beachtung, Respekt, Dankbarkeit und Anerkennung von anderen. Souverän zu führen macht erfolgreich. Es erfüllt Führungskräfte mit einer tiefen Freude, bringt Erfüllung und Befriedigung. Die Arbeit macht wieder Freude, verleiht Glanz und Zufriedenheit.

Wenn wir morgens zu Beratung oder Training in ein Unternehmen fahren, sehen wir den Unterschied mit bloßem Auge schon am Tor: Viele Führungskräfte betreten das Areal mit ernster, bleierner, grauer, sorgenzerfurchter Miene. Sie erscheinen «seriös», was inzwischen ein anderes Wort für «kraftlos» ist. Die souveränen Führungskräfte laufen fast schon beschwingt ein, mit einem Lächeln auf den Lippen, grüßend und kleine Bemerkungen verteilend. Die Menschen um sie herum reagieren bereits darauf positiv, suchen die Nähe, wollen etwas von deren Energie mitnehmen und erzählen nachher den Kollegen: «Vorher am Tor den … getroffen. Hat mich sofort auf … angesprochen. Klasse Typ. Würde auch gern in seiner Abteilung arbeiten.»

Diese Aura, diesen Nimbus verleiht Souveränität. Und Souveränität ist nichts anderes als das Wissen: Ich werde mit jeder Situation fertig. Ich kann das, mich wirft so schnell nichts um. Selbst wenn es schwierig wird, mir fällt immer etwas ein. Ich weiß eigentlich immer, was ich tun muss und was das Beste in der jeweiligen Situation ist. Und wenn nicht, finde ich es heraus (zum Beispiel mit diesem Buch). Diese innere Gelassenheit und Stärke, diese Zuversicht und unerschöpfliche Energie, dieses fundierte Selbstbewusstsein und die große Handlungssicherheit ist es, wonach alle guten Führungskräfte streben (die weniger guten wurschteln so vor sich hin – und leiden darunter).

Wer diese Souveränität entwickelt, stellt irgendwann erfreut fest: Der Job kostet mich zwar viel Kraft – aber er gibt noch viel mehr zurück! Es ist wie Zehnkampf oder Marathonlauf: Das fordert dich – aber es gibt dir so viel mehr zurück! Die Arbeit, Ihre Arbeit kann das auch – wenn Sie ihr souverän begegnen. Wie Sie dahin kommen, dafür haben Sie jetzt etliche Anregungen gesammelt. Arbeiten Sie mit ihnen. Das Schöne daran: Sie werden reichlich Gelegenheit zur Anwendung haben. Reichlich Gelegenheit, jeden Tag ein wenig stärker, selbstbewusster, abgeklärter, souveräner zu werden.

Für Anregungen und den offenen Diskurs erreichen Sie uns unter:

ubf unternehmensberatung
partner für interpersonelle unternehmensentwicklung
nauklerstraße 31
D-72074 tübingen
fon 0 70 71-400 900
e-mail: info@ubf-online.de
www.ubf-online.de